PSU

Prozeßsimulation in der Umformtechnik

Herausgegeben im Auftrag der Projektgruppe Prozeßsimulation in der Umformtechnik von Prof. em. Dr.-Ing. Dr. h.c. K. Lange, Stuttgart

Band 1

Bericht aus dem Institut für Umformtechnik der Universität Stuttgart
Prof. em. Dr.-Ing. Dr. h.c. K. Lange

Projektgruppe Prozeßsimulaton in der Umformtechnik

Prof. Dr.-Ing. D. Besdo
Institut für Mechanik
Universität Hannover

Prof. Dr.-Ing. E. Doege
Institut für Umformtechnik und Umformmaschinen
Universität Hannover

Prof. Dr.-Ing. E. v. Finckenstein
Lehrstuhl für Umformende Fertigungsverfahren
Universität Dortmund

Prof. Dr.-Ing. M. Geiger
Lehrstuhl für Fertigungstechnologie
Friedrich-Alexander-Universität Erlangen-Nürnberg

Prof. Dr.-Ing. B. Kröplin
Institut für Statik und Dynamik der Luft- und
Raumfahrtkonstruktionen, Universität Stuttgart

Prof. Dr.-Ing. O. Mahrenholtz
Arbeitsbereich Meerestechnik II - Strukturmechanik
Technische Universität Hamburg-Harburg

Prof. Dr.-Ing. J. Reissner
Institut für Umformtechnik
Eidgen. Technische Hochschule Zürich

Prof. Dr. rer. nat. A. Reuter
Institut für Parallele und Verteilte Höchstleistungsrechner
Universität Stuttgart

Prof. Dr.-Ing. K. Siegert
Institut für Umformtechnik
Universität Stuttgart

Sprecher: Prof. em. Dr.-Ing. Dr. h.c. K. Lange
Universität Stuttgart

Koordinator: Dr.-Ing. M. Herrmann
Universität Stuttgart

Martin Herrmann

Beitrag zur Berechnung von Vorgängen der Blechumformung mit der Methode der Finiten Elemente

Mit 53 Abbildungen und 3 Tabellen

Springer-Verlag Berlin Heidelberg GmbH 1991

Dipl.-Ing. Martin Herrmann

Institut für Umformtechnik
Universität Stuttgart

Prof. em. Dr.-Ing. Dr. h.c. Kurt Lange

Institut für Umformtechnik
Universität Stuttgart

Additional material to this book can be downloaded from http://extras.springer.com

ISBN 978-3-540-53812-7 ISBN 978-3-662-06019-3 (eBook)
DOI 10.1007/978-3-662-06019-3

Gesamtherstellung: Copydruck GmbH, Heimsheim
62/3020-543210

Geleitwort des Herausgebers

Die Verfahrensentwicklung ist in der Umformtechnik unmittelbar verknüpft mit der Frage nach der Durchführbarkeit eines Umformvorganges und nach einer optimalen Prozeßführung. Beide Problemstellungen erfordern ein tiefes Verständnis des Einflusses verschiedenartigster Prozeßparameter, wie Eigenschaften des umzuformenden Werkstoffes (mechanische und metallkundliche), Reibungsbedingungen in der Wirkfuge, Werkzeuge (Geometrie, Werkstoff), Umformtemperatur, Umformgeschwindigkeit, Umformmaschine und deren gegenseitige Beeinflussung.

Die seit den siebziger Jahren eingeführten und zunehmend leistungsfähigeren Methoden der numerischen Simulation von Umformvorgängen leisten schon jetzt wertvolle Beiträge bei der Bewältigung der genannten Aufgaben. Die in der Simulationsphase gewonnenen Werkstückgeometriedaten werden mit Hilfe von CAD/CAM-Systemen direkt für die Erstellung von Arbeitsplanungs- und Fertigungsunterlagen benutzt. Damit kann mit einem durchgehenden Informationsfluß von der Werkstückentwicklung über die Konstruktion der benötigten Werkzeuge bis zur Weitergabe der Geometriedaten für die NC-Fertigung der Werkzeuge gearbeitet werden. Voraussetzung hierfür sind allerdings genaue numerische Verfahren, gesicherte Stoff- und Maschinendaten sowie Versagenskriterien und Prozeßrandbedingungen.

In Erkenntnis dieser anspruchsvollen wissenschaftlichen Aufgabenstellung haben sich die eingangs aufgeführten acht Institute universitäts- und fachübergreifend zur Bearbeitung des Gemeinschaftsprojektes

Prozeßsimulation in der Umformtechnik

im Jahre 1988 zusammengeschlossen. Das Projekt wird von der Stiftung Volkswagenwerk gefördert. Erarbeitet werden soll ein nach modernen Gesichtspunkten strukturiertes universelles, leistungsfähiges Programmsystem für die Simulation von Umformprozessen als eine wesentliche und notwendige Grundlage für die Verbesserung der ingenieurwissenschaftlichen Forschung und Entwicklung zur Errichtung rechnerintegrierter Produktionssysteme in der Umformtechnik (CIM). Die Vielfältigkeit der industriellen Umformverfahren bringt es notwendigerweise mit sich, daß im Gemeinschaftsprojekt wegen der zeitlichen und personellen Begrenzung nicht die ganze Breite der Umformprozesse berücksichtigt werden kann. Es werden damit im Hinblick auf die Anwendungsorientierung Lücken offen bleiben, die jedoch wegen der modularen Programmstruktur später jederzeit über vorgegebene Schnittstellen geschlossen werden können.

Ferner ist mit Sicherheit zu erwarten, daß während der Bearbeitung Defizite an erforderlichen Daten, Randbedingungen etc. sichtbar werden, aus denen sich Anforderungskataloge für zusätzliche experimentelle und theoretische Untersuchungen ergeben werden. Insofern wird das Gemeinschaftsprojekt über die Erstellung des Programmsystems zur „Prozeßsimulation in der Umformtechnik" hinaus weitere wichtige Impulse für Forschungen zu den ingenieurwissenschaftlichen Grundlagen der Umformtechnik geben.

Mit etwa 35 Teilprojektleitern, Mitarbeiterinnen und Mitarbeitern verfügt die Projektgemeinschaft über ein bedeutendes Potential an Fachkräften und Wissen. Das zu erstellende Programmsystem soll nach Projektabschluß zunächst allen öffentlichen und gemeinnützigen Forschungsinstitutionen in Deutschland, in der Schweiz etc. als Forschungsversion zur Verfügung stehen.

Im Rahmen dieser Berichtsreihe werden die wissenschaftlichen Ergebnisse der Arbeiten in den Teilprojekten in bewährter Zusammenarbeit mit dem Springer-Verlag der Fachöffentlichkeit vorgestellt.

Stuttgart, im Januar 1991 Kurt Lange

Vorwort

Die vorliegende Arbeit entstand während meiner Tätigkeit als wissenschaftlicher Mitarbeiter am Institut für Umformtechnik der Universität Stuttgart.

Herrn Prof. em. Dr.-Ing. Dr.h.c. Kurt Lange danke ich für das mir entgegengebrachte Vertrauen und die großzügige Unterstützung während der Durchführung meiner Arbeit.

Herrn Prof. Dr.-Ing. Bernd Kröplin danke ich für die Durchsicht der Arbeit und die damit verbundenen Hinweise.

Mein besonderer Dank gilt meinen langjährigen Kollegen Dipl.-Ing. Peter Keck und Dipl.-Ing. Martin Wilhelm, die durch ständige kritische Diskussionen und nicht zuletzt durch ihren Anteil an der gemeinsamen Entwicklung des Finite-Elemente-Programmes EPDAN wesentlich zum Gelingen der Arbeit beigetragen haben.

Den Herren Prof. Dr.-Ing. Karl Roll und Prof. Dr.-Ing. A. Erman Tekkaya danke ich für ihr stetes Interesse und die in zahlreichen Gesprächen geäußerten wertvollen Hinweise und Anregungen.

Mein Dank gilt ferner allen Mitarbeiterinnen und Mitarbeitern des Instituts für Umformtechnik, die durch ihre Hilfe meine Arbeit unterstützt haben.

Die Mittel zur Durchführung der Untersuchungen wurden von der Stiftung Volkswagenwerk, Hannover bereitgestellt, wofür an dieser Stelle ebenfalls gedankt sei.

Stuttgart, Mai 1990

Martin Herrmann

Inhaltsverzeichnis

Formelzeichen und Abkürzungen

A	mm^2	Fläche
$[B^e]$	–	Dehnungs - Verschiebungsmatrix
C_{ijkl}	N/mm^2	Stofftensor
D_{ij}	$1/s$	Formänderungsgeschwindigkeitstensor
E	N/mm^2	Elastizitätsmodul
F	N	Kraft
$\mathbf{F}$	–	Deformationsgradient (Tensor)
F_{ij}	–	Deformationsgradient (Komponenten)
G	N/mm^2	Schubmodul
k_f	N/mm^2	Fließspannung
K	N/mm^2	Kompressionsmodul
K_G	N/mm^2	Gesamtsteifigkeitsmatrix
$\mathbf{L}$	$1/s$	Geschwindigkeitsgradient (Tensor)
n	–	Verfestigungsexponent
$[N^e]$	–	Matrix der Formfunktionen im Element
r, R	mm	Radius
$\{R\}$	N	Vektor der Residualkräfte
R_{ij}	–	Rotationstensor
s	mm	Blechdicke
t	s	Zeit
t_i	N	Spannungsvektor
T^0_{ij}	N/mm^2	1. Piola-Kirchhoff-Spannungstensor
$u_{i,j}$	–	Verschiebungsgradient (Komponenten)
u_i	mm	Verschiebung
U_{ij}	–	rechter Strecktensor
$\{u^e\}$	mm	Vektor der Verschiebungen im Element
V	mm^3	Volumen
W_i	Nmm	innere Arbeit
W_a	Nmm	äußere Arbeit
W_{ij}	$1/s$	Drehgeschwindigkeitstensor
x_i	mm	kartesische Koordinaten

δ_{ij}	–	Kronecker-Symbol
ρ	$1/mm^3$	Dichte
κ	–	Straffaktor
μ	–	Reibzahl
ν	–	Querkontrakionszahl
Π	Nmm	Funktional
φ	–	Umformgrad
$\dot{\lambda}$	mm^2/N	plastischer Multiplikator
Λ	–	Längenverhältnis
ε_V	–	Vergleichsformänderung
σ_{ij}	N/mm^2	Spannungstensor (Komponenten)

Abkürzungen

FDM	Finite-Differenzen-Methode
FEM	Finite-Elemente-Methode

Indizes

$\{\ \}^e$	elementbezogen
$[\ ]^{dil}$	dilatorisch
$[\ ]^{dev}$	deviatorisch
el	elastisch
pl	plastisch
ep	elastisch-plastisch
$(\ )^T$	Transponierte
0	Ausgangszustand
P	Prädiktor
V	Vergleichs-

0 Zusammenfassung

Die numerische Simulation von Vorgängen der Blechumformung stellt sowohl von seiten der Theorie als auch seitens der programmtechnischen Realisierung ein sehr komplexes Problem dar. Nun hat die Entwicklung von Finite-Elemente-Programmen für nichtlineare Anwendungen in den vergangenen Jahren große Fortschritte erzielt, so daß deren Einsatz zur Simulation von Umformvorgängen – zumindest in Teilbereichen – möglich ist, wenngleich der Nachweis eines industriellen Einsatzes der Prozeßsimulation in der Blechumformung bislang noch aussteht. Wenn sich die Leistungs- und Preisentwicklung auf dem Markt der „Supercomputer" (einschließlich der sog. Mini-Supercomputer) auch in den nächsten Jahren fortsetzt, so kann allerdings ein verstärkter Einsatz der Simulationsverfahren in der industriellen Praxis erwartet werden. Unter diesem Aspekt wurden die Einsatzmöglichkeiten eines Verfahrens zur Berechnung von Vorgängen der Blechumformung untersucht.

Die Grundlage der verwendeten Finite-Elemente-Formulierung bildet das elastisch-plastische (Prandtl-Reußsche) Stoffgesetz in Verbindung mit dem Prinzip der virtuellen Verschiebungen. Thermische und dynamische Effekte wurden nicht berücksichtigt. Für die Herleitung der Grundgleichungen wie auch für die Diskretisierung wurde weitgehend auf vorhandene Ansätze aus dem Schrifttum zurückgegriffen. Die mitgehende („updated") Lagrangesche Betrachtungsweise hat sich zur Beschreibung von instationären Umformvorgängen als besonders günstig herausgestellt und wurde auch in der vorliegenden inkrementellen Formulierung eingesetzt. Zur iterativen Gleichgewichtsfindung innerhalb eines Inkrementes wurde das vollständige Newton-Raphson-Verfahren herangezogen, wobei zur Stabilisierung des Verfahrens zusätzlich ein sog. „Line-Search" eingeführt wurde.

Die Erfassung und Beschreibung der variablen Kontaktbedingungen zwischen Werkstück und Werkzeug ist von grundlegender Bedeutung für die Berechnung von Umformvorgängen. Zu diesem Zweck wurde in das verwendete Lösungsverfahren ein Kontaktalgorithmus implementiert, der in der Lage ist, den Kontakt zwischen zwei- bzw. dreidimensionalen Werkzeugoberflächen und dem umzuformenden Werkstück festzustellen. Die daraus resultierenden Zwangsbedingungen werden mit Hilfe des Straffunktionsansatzes (penalty approach) beschrieben. Hierbei wurde von der Annahme starrer Werkzeuge ausgegangen. Die Reibung an den Kontaktflächen wurde nicht berücksichtigt.

Die Anwendung des Programmsystems zur Berechnung verschiedener Vorgänge aus dem Bereich der Blechumformung hat gezeigt, daß das Verfahren in Verbindung mit den verwendeten Kontinuumselementen geeignet ist, den Verlauf des Umformvorganges mit guter Genauigkeit vorherzusagen. Ein Vergleich der berechneten, lokalen Spannungswerte mit experimentell ermittelten Werten war nur anhand von globalen Größen wie z.B. der Umformkraft möglich. Im Rahmen der bei der Modellbildung getroffenen Vereinfachungen - insbesondere der Annahmen der Reibungsfreiheit und Isotropie - wurde eine gute Übereinstimmung der Kraft-Weg-Verläufe festgestellt.

Die experimentelle Überprüfung des Rechenverfahrens wurde anhand des Ziehens einer gekerbten Flachzugprobe durchgeführt. Die Übereinstimmung der berechneten und gemessenen Kraft-Weg-Verläufe ist insgesamt gut, und auch der Beginn der lokalen Einschnürung wurde in der Simulation gut wiedergegeben.

Die Vorteile des Simulationsverfahrens liegen in der Ergebnisvielfalt und der Verfügbarkeit von Detailinformationen, die experimentell nicht oder nur mit großem Aufwand gewonnen werden können. Außerdem ist die Variation einzelner Parameter bei vorhandenem Modell in der Regel ohne großen Aufwand möglich.

Die Anwendungsgrenzen für die impliziten FE-Verfahren, zu denen auch das beschriebene Programm gehört, liegen vor allem in den sehr hohen Rechenzeiten bei dreidimensionalen (und auch großen zweidimensionalen) Modellen. Außerdem ist bei häufigem Kontaktwechsel zwischen Werkstück und Werkzeug mit Konvergenzproblemen zu rechnen. Bei der Berechnung des Flachzugversuchs wurde das auch Fehlen von Werkstoffkennwerten bei großen Dehnungen deutlich. Mehr als 70 % des Wertebereichs der Fließkurve mußten extrapoliert werden. Ferner ist der Einfluß der Reibung an den Kontaktflächen bei Blechumformvorgängen besonders ausgeprägt und kann bislang im vorgestellten Modell, wie auch in der Mehrzahl der vergleichbaren Programme nicht hinreichend genau berücksichtigt werden, da u.a. die notwendigen theoretischen Ansätze noch nicht ausgereift sind. Die Beschreibung von in der Praxis oftmals entscheidenden konstruktiven Details, wie z.B. der Wirkung der den Stofffluß beeinflussenden Ziehstäbe oder auch das Eintuschieren der Werkzeuge, ist in der Rechnung nicht möglich. Ebenso ist der Einfluß chargenabhängiger Störgrößen mit allen ihren Auswirkungen auf den Umformvorgang im Rahmen des Modells schwer zu erfassen. Andererseits ist gerade die Möglichkeit der schnellen und gezielten Parametervariation bei sonst unveränderten Bedingungen einer der wichtigsten Vorteile der Prozeßsimulation. Sie erlaubt den Ingenieuren in der Verfahrensentwicklung die Festlegung von Bandbreiten innerhalb derer eine Streuung einzelner Verfahrensparameter zugelassen werden kann und vermittelt ein besseres Verständnis für die gegenseitige Beeinflussung der Größen auf der Grundlage von mechanischen Modellen und nicht über den Umweg umfangreicher und teurer Versuchsreihen.

Aus diesen Gründen sollten Simulationsverfahren zur Berechnung umformtechnischer Probleme zunächst überwiegend zur qualitativen bzw. vergleichenden Beurteilung der Vorgänge eingesetzt werden, z.B. um den Einfluß einzelner Parameter zu erfassen, und nicht, um die sehr komplexen Vorgänge mit allen Details in ihrer Gesamtheit zu modellieren.

1 Einleitung

Die Herstellung und Erprobung von Werkzeugen für die Blechumformung ist meist mit hohen Kosten verbunden. Die Gründe hierfür sind unter anderem darin zu sehen, daß den Werkzeugkonstrukteuren und Fertigungsplanern keine Hilfsmittel zur Verfügung stehen, die eine *zuverlässige* Vorhersage über den Ablauf des Umformvorgangs erlauben. Daher hängt das Gelingen eines Fertigungsvorganges weitgehend vom Erfahrungsschatz und Fingerspitzengefühl der Fachleute in der Konstruktion und im Werkzeugbau ab. Unter diesen Gegebenheiten müssen sich die Entwürfe für neue Werkzeuge zwangsläufig an Erfahrungsregeln zur Beurteilung der Herstellbarkeit orientieren. Dies führt dazu, daß der Konstruktionsvorgang eher als konservativ einzustufen ist; einschneidende Änderungen – sei es im Fertigungsablauf oder im verwendeten Werkstoff – ziehen Schwierigkeiten nach sich und werden deswegen nur vollzogen, wenn dies aus irgendwelchen Gründen (z.B. Gewichtseinsparung) unumgänglich ist.

Nun ist aber die Anwendung bzw. Übertragung von Erfahrungsregeln auf neue Entwürfe nur dann sinnvoll, wenn sich das alte und neue Werkstück ähnlich sind *und* ein vergleichbarer Werkstoff verwendet wird. Trotzdem hat sich über lange Jahre hinweg keine entscheidende Weiterentwicklung bei den zur Verfügung stehenden Hilfsmitteln zur Berechnung und Analyse der Vorgänge ergeben, während auf der Produktseite die Anforderungen an die Experten durch steigende Produktvielfalt, verkürzte Einführungszeiten und vor allem auch den verstärkten Einsatz neuer Werkstoffe erheblich gestiegen sind.

Aus Kostengründen wäre es wünschenswert, die Überprüfung des Fertigungsvorgangs zu einem sehr frühen Zeitpunkt, d.h. bereits in der Konstruktionsphase mit Hilfe geeigneter Modelle vornehmen zu können. Durch die Verfügbarkeit leistungsfähiger Großrechenanlagen haben die unter dem Begriff „Simulationsverfahren" zusammengefaßten Methoden einen deutlichen Entwicklungsschub erfahren. Für die Probleme der Umformtechnik hat sich dabei die Prozeßsimulation mit Hilfe der Methode der Finiten Elemente in immer stärkerem Maße durchgesetzt und dies, obwohl die Schwierigkeiten bei der Simulation von Umformvorgängen groß sind und bis heute noch nicht zufriedenstellend gelöst werden konnten. Die Schwierigkeiten liegen einerseits in der Beschreibung des Umformvorgangs mit geeigneten mathematischen Modellen und andererseits in den rein numerischen Problemen, die sich aus dem nichtlinearen Charakter der Stoff- und Bewegungsgleichungen von Umformvorgängen ergeben. Demgegenüber dürften Beschränkungen, die sich gegenwärtig noch aus der fehlenden Rechnerleistung bzw. dem begrenzten zur Verfügung stehenden Speicherplatz ergeben, in Zukunft immer mehr in den Hintergrund treten – im Gegenteil: Es ist zu erwarten, daß die Wirtschaftlichkeit von Simulationsrechnungen ansteigen wird, während Experimente und Vorversuche bei weiterhin steigenden Personal- und Maschinenkosten sich weiter verteuern werden.

Aus dieser Entwicklung heraus besteht großes Interesse an den Verfahren der Prozeßsimulation, sowohl auf seiten der Industrie als auch auf seiten der Hochschulen, die Wegbereiter und Anwender dieser Verfahren sind bzw. sein sollen.

Im Rahmen der vorliegenden Arbeit wurden exemplarisch einige Verfahren der Umformtechnik – speziell der Blechumformung – untersucht, um ein besseres Verständnis für die gegenwärtigen Möglichkeiten und Grenzen der Prozeßsimulation zu gewinnen. Es liegt auf der Hand, daß damit auch nur ein Teil der Probleme, die insbesondere bei dem verwendeten Programmsystem und teilweise auch allgemein bei den Simulationsverfahren auftreten, aufgezeigt werden konnte.

Aufbauend auf den Erfahrungen und Entwicklungen aus der Massivumformung [1,2] wurden zunächst axialsymmetrische Tief- und Streckziehvorgänge analysiert, wobei der aus den früheren Untersuchungen bekannte und bewährte Kontinuumsansatz für die Elemente beibehalten wurde. Eine anschließende Erweiterung des Programmsystems auf allgemeine dreidimensionale Vorgänge und erste Testrechungen geben Aufschluß über den Rechenzeitbedarf und Diskretisierungsaufwand u.a.m. Dabei wurde bei der Berechnung allgemeiner dreidimensionaler Vorgänge besonderer Wert auf die Programmoptimierung im Hinblick auf die Rechenzeit gelegt.

Anhand der Erkenntnisse aus der vorliegenden Untersuchung können Hinweise darüber gegeben werden, wie ein sinnvoller und wirtschaftlicher Einsatz der Methode der Finiten Elemente zur Simulation von Vorgängen in der Blechumformung realisiert werden kann.

2 Stand der Kenntnisse

2.1 Allgemeines

Die Verfahren der Blechumformung sind in der industriellen Praxis weit verbreitet und gewinnen unter dem Aspekt der Werkstoff- und Gewichtsersparnis bei Bauteilen weiter an Bedeutung. Die wichtigsten Vertreter sind dabei – gemessen an der Häufigkeit des Einsatzes – die Verfahren des Tiefziehens, Streckziehens und Biegens. Ein Überblick über die wichtigsten Grundverfahren, deren theoretische Grundlagen sowie zahlreiche Sonderverfahren findet sich in [3]. Die Prozeßanalyse der Verfahren der Blechumformung gestaltet sich insofern schwierig, als diese in der Regel eine instationäre Vorgangskinematik aufweisen und die Herstellung von Werkstücken mit komplexer Geometrie nicht einem der o.g. Grundverfahren zuzuordnen ist, sondern vielmehr als Resultat einer zeitlich und räumlich veränderlichen „Verfahrenskombination" dieser Grundverfahren gesehen werden muß. Das heißt, daß sich der Beanspruchungszustand nicht nur im Verlauf des Vorgangs ändert, sondern auch momentan betrachtet über das Werkstück verteilt sehr unterschiedlich sein kann. Diese Problematik hat dazu geführt, daß eine rein theoretische Prozeßanalyse lange Zeit nur für verhältnismäßig einfache Geometrien bzw. Vorgänge möglich war. Die bekannten, streng analytischen Lösungen mit Hilfe der elementaren Plastizitätstheorie oder der Gleitlinientheorie sind dabei selbst für diese einfachen Vorgänge nur durch starke Vereinfachungen bei der Modellbildung möglich (Bild 1).

Aus diesem Grund war die Formänderungsanalyse am realen Bauteil bislang das aussagekräftigste Hilfsmittel zur Beurteilung und Analyse von komplexeren Blechumformvorgängen. Modellversuche wie der Näpfchen-Tiefziehversuch oder der Tiefungsversuch sind zwar weit verbreitet, werden aber weniger zur Analyse von Umformvorgängen (z.B. im Rahmen von Ähnlichkeitsbetrachtungen) herangezogen als vielmehr zur Beurteilung der Umformeignung von Blechwerkstoffen (Bild 2).

Die folgenden Abschnitte geben einen Überblick über die wichtigsten Untersuchungsmittel und beschreiben sowohl die „klassischen" Methoden als auch die numerischen Verfahren, deren Bedeutung in jüngster Zeit stark zugenommen hat.

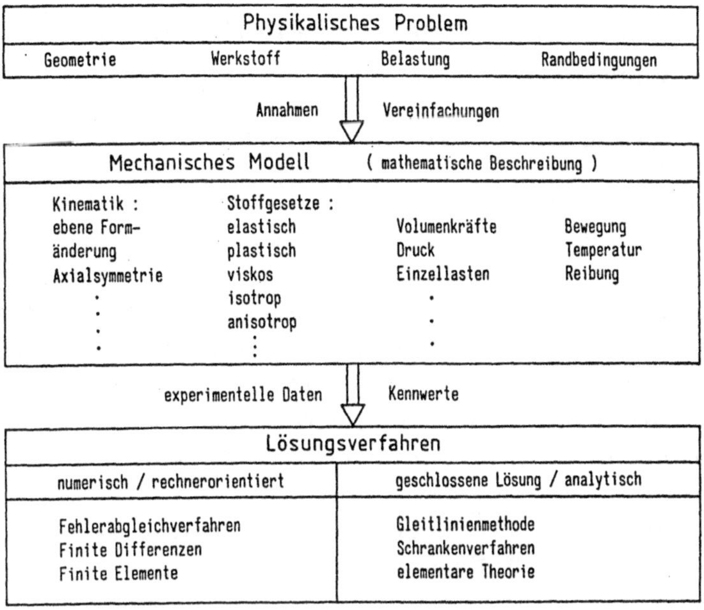

Bild 1: Möglichkeiten der theoretischen Prozeßanalyse.

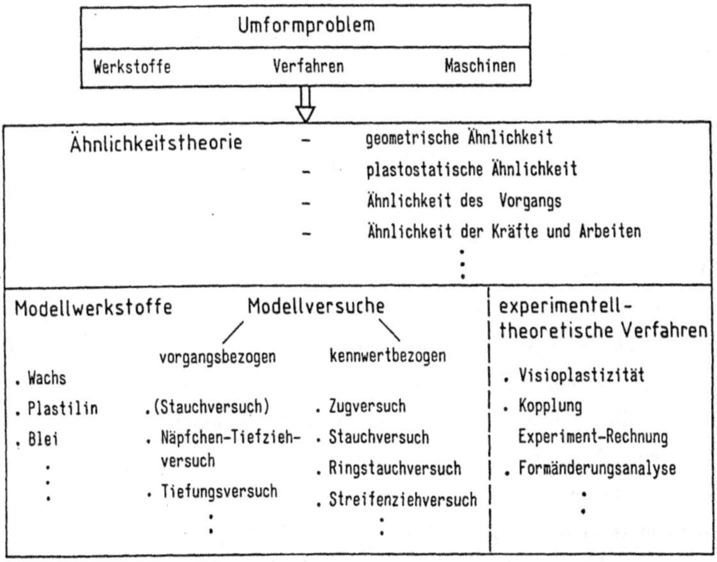

Bild 2: Methoden und Verfahren der experimentellen Prozeßanalyse.

2.2 „Klassische“ Methoden zur Prozeßanalyse in der Blechumformung

2.2.1 Experimentelle Untersuchungsmethoden

Allen Ziehteilen, die nicht unmittelbar eine axialsymmetrische Form besitzen, ist gemein, daß der Umformvorgang eine Kombination von Tiefziehen, Streckziehen und Biegen darstellt. Die Spannungen und Formänderungen an verschiedenen Stellen eines solchen, im folgenden als unregelmäßig bezeichneten Ziehteils sind sehr unterschiedlich. Die Technologie des Ziehens von unregelmäßigen Blechteilen ist aufgrund dieser Gegebenheiten bislang nur in begrenztem Umfang erforscht. In der Praxis beschränken sich die Untersuchungen deshalb im wesentlichen auf die Erfassung der größten Hauptformänderungen. Dies ist mit Hilfe der *Formänderungsanalyse* möglich, die darauf beruht, daß auf den Blechzuschnitt (Platine) vor dem Ziehen ein Liniennetz aufgebracht wird, dessen Verzerrungen nach dem Umformvorgang ausgewertet werden (Bild 3). Dabei müssen die Abmessungen der Liniennetzelemente hinreichend klein gewählt werden, so daß der von einem Element umfaßte Werkstoffbereich einer näherungsweise homogenen Umformung unterliegt [4]. Außerdem muß vorausgesetzt werden, daß sich die Hauptrichtungen der Formänderung während des Vorgangs nicht oder nur geringfügig ändern. Insgesamt ist die Auswertung mit einem großen Aufwand und nicht genau erfaßbaren Meßfehlern verbunden. Eine Analyse des Spannungszustands und des zeitlichen Formänderungsverlaufs ist mit der beschriebenen Vorgehensweise in der Regel nicht möglich, da nur der Anfangs- und der Endzustand erfaßt werden [5,6]. Elastische Effekte werden bei der Formänderungsanalyse ebenfalls nicht berücksichtigt. Durch Vergleich der am Ziehteil gemessenen Formänderungen mit im Labor (mit Hilfe von Modellversuchen) ermittelten Vergleichswerten lassen sich diejenigen Stellen am Ziehteil ermitteln, an denen die Gefahr des Auftretens von Fehlern (Einschnürungen, Bruch usw.) gegeben ist. Da die Formänderungsanalyse am realen Bauteil erfolgen muß, kann sie lediglich zur Überprüfung der Konstruktion bzw. des Fertigungsprozesses eingesetzt werden und erfüllt nicht die Anforderungen, die an ein Simulationsmodell gestellt werden – nämlich die Möglichkeit der Ermittlung von vorgangsbeeinflussenden Größen in der Entwicklungsphase. Dagegen besitzt die Formänderungsanalyse den Vorteil, daß die Untersuchung am realen Vorgang unter Berücksichtigung der realen Rand- (insbesondere Reibungs-)bedingungen durchgeführt wird und die Beeinflussung des

Vorgangs durch die Liniennetze sehr gering ist. Allein aus diesen Gründen wird die Formänderungsanalyse ein wichtiges Hilfsmittel bleiben, insbesondere, wenn es gelingt, den Aufwand mit Hilfe neuer Verfahren zur Meßwerterfassung zu verringern.

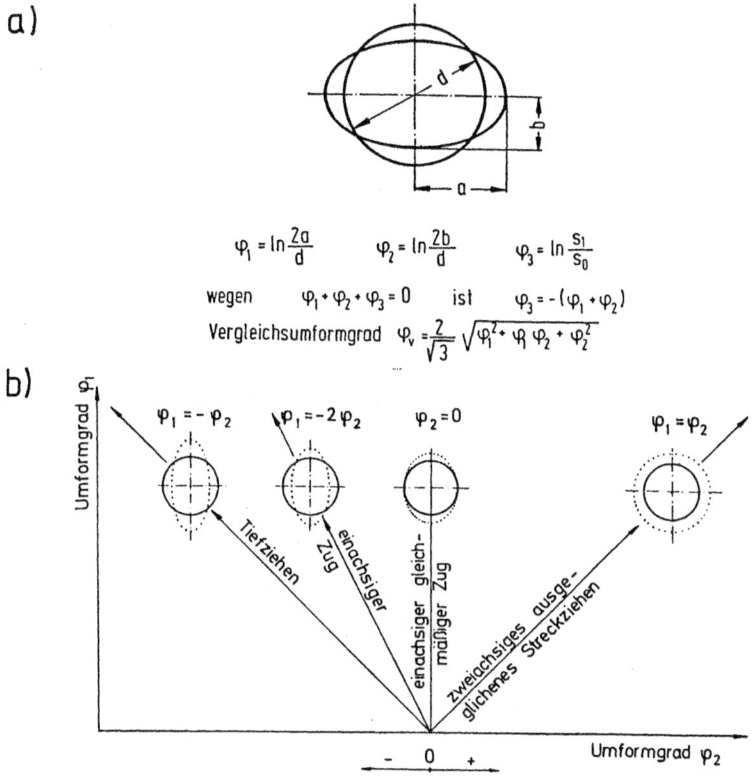

Bild 3: a) Prinzip der Auswertung von Liniennetzen b) Formänderungen von Liniennetzelementen bei verschiedenen Umformvorgängen.

2.2.2 Methoden der elementaren und höheren Plastizitätstheorie

Unter der Annahme des ebenen Formänderungszustandes lassen sich auf der Grundlage des starr-idealplastischen Werkstoffmodells die Grundgleichungen des Spannungszustands für das reibungsfreie, axialsymmetrische Tiefziehen in mathematisch geschlossener Form angeben. Dabei ist zu beachten, daß die resultierenden Gleichungen nur für die Umformzone, d.h. den Flansch des Ziehteils, gelten und Aussagen über die elastischen Bereiche nicht möglich sind. Aufbauend auf den Beziehungen der *elementaren Theorie* wurden von Siebel u.a. Ansätze zur Berechnung der Ziehkraft erstellt [3] :

$$F_Z = F_{id} + F_B + F_{RN} + F_{RR} \tag{1}$$

Der erste Term in Gl. (1) berücksichtigt die ideelle Umformkraft. Die folgenden Terme sind Korrekturglieder, die die Kraftanteile infolge Biegung an der Ziehringrundung, Reibung zwischen Niederhalter und Flansch bzw. Flansch und Ziehring und Reibung an der Ziehringrundung beschreiben. Der Kaltverfestigung wird in der Regel durch Verwendung einer gemittelten Fließspannung bei der Bestimmung von F_{id} und F_B Rechnung getragen. Behrens und Pries [7] haben die Ansätze zur Kraftberechnung von Siebel für rechteckige Ziehteile erweitert und in zahlreichen Versuchen eine gute Übereinstimmung zwischen berechneten und experimentell ermittelten Kraft-Weg-Verläufen festgestellt.

Vorteile der elementaren Theorie sind der geringe Rechenaufwand und die verhältnismäßig gute Übereinstimmung der berechneten Kräfte mit Versuchsergebnissen. Nachteile sind das Fehlen von Ansätzen für unregelmäßige Ziehteile, die starken Einschränkungen, die bei der Berechnung von Spannungen gemacht werden müssen, sowie die der elementaren Theorie generell zugrunde liegenden Vereinfachungen (homogene Umformung ohne Verfestigung, Körperachsen sind Hauptachsen usw.)

Die *Gleitlinientheorie*, auch Methode der Charakteristiken, ist das wohl älteste Lösungsverfahren der höheren Plastizitätstheorie und liefert für starr-idealplastischen, isotropen Werkstoff unter der Annahme ebener Formänderung und der Reibungsfreiheit eine exakte Lösung für das während der Umformung auftretende Spannungsfeld. Die Gleitlinien sind physikalisch gesehen die Linien maximaler Schubspannungen und lassen sich graphisch gut interpretieren. Hašek [8] hat , aufbauend auf der Gleitlinientheorie ein Verfahren zur Zuschnittsermittlung bei unregelmäßigen Blechteilen entwickelt. Das von Glöckl [9] entwickelte Programmsystem PLATIN2 kann zur Berechnung des Gleitlinienfeldes, der Zuschnittskontur, des Geschwindigkeitsfeldes, der lokalen Spannungen sowie der gesamten Ziehkraft bei Werkstücken mit der Form eines Vielecks und planparallelem Flansch und Boden eingesetzt werden. Das Verfahren erlaubt eine gute Vorhersage der Zuschnittsaußenkontur, während die Genauigkeit der Kraft- bzw. Spannungsberechnung stark von Parametern wie Reibzahl, Niederhalterkraft usw. abhängt. Daneben ist zu bedenken, daß die o.g. Vereinfachungen bei der Modellbildung im allgemeinen bei realen Vorgängen nur bedingt Gültigkeit besitzen. Beim Versuch, komplexere Ziehteilformen (unebene Böden) zu berechnen, werden sehr schnell die Grenzen der zugrundegelegten Theorie sichtbar.

Eine Erweiterung der Theorie auf kompliziertere Modelle zur Berücksichtigung der Kaltverfestigung, der Anisotropie oder der Blechdickenänderungen ist nicht möglich. Ebenso ist die Bestimmung der Rückfederung durch die Beschränkung auf das starr-idealplastische Stoffmodell a priori ausgeschlossen.

2.2.3 Geometrische Verfahren

Die Analyse und Berechnung von Umformvorgängen „idealer“ Bleche kann in erster Näherung als rein geometrisches Problem betrachtet werden. Die wichtigste Regel hierbei ist das Gesetz der Volumenkonstanz, das beim Tiefziehen unter der Annahme konstanter Blechdicke in ein Gesetz der Flächenkonstanz überführt werden kann . Ein von Sowerby, Duncan und Chu [10] entwickeltes Modell betrachtet nur die Anfangs- und Endform des Bleches und transformiert jedes Element des unverformten Zuschnitts so, daß es in ein flächengleiches Element der vorgegebenen Endform übergeht und Kontinuität an den Elementgrenzen (keine Lücken oder Überlappungen an den Grenzen) gewährleistet ist. Die beschriebene Vorgehensweise liefert, ausgehend von der gegebenen Endform, die entsprechende Zuschnittsform und die Hauptdehnungen in den Elementen. Andere vereinfachte Modelle für Streckziehvorgänge oder superplastische Umformung gehen von idealen Blechmembranen aus, die sich entweder tangential an den Stempel anlegen [11,12] oder deren Oberfläche für den Fall der hydrostatischen Umformung [11] ein Kreisprofil besitzt und die im Augenblick des Anlegens an das Werkzeug mit diesem fest verbunden sind (dies entspricht der Annahme der Haftreibung). Die Kenntnis des „Stempelabdrucks“ ist insbesondere bei unebenen Bodenformen von großer Wichtigkeit, da hier oftmals die gesamte erforderliche Ziehkraft über eine verhältnismäßig kleine Fläche übertragen werden muß, was zu örtlichen Einschnürungen oder Rissen führen kann.

Eine wichtige Voraussetzung für die Wirtschaftlichkeit aller geometrischen Modelle ist, daß die Werkstückgeometrie in Form einer Datenbank direkt zur Verfügung steht [13,15]. Ebenfalls hervorgehoben wird die Bedeutung des Anlegens des Niederhalters bei komplexen Ziehteilen, wodurch das ursprünglich ebene Blech in eine räumlich gekrümmte „Fläche“ umgeformt wird [12,14]. Zur Vermeidung der Faltenbildung sollten gekrümmte Niederhalterflächen abwickelbare Flächen sein, was sich allerdings in der Praxis nicht immer realisieren läßt.

Industrielle Anwendungen der geometrischen Verfahren sind von einigen Automobilfirmen [15,16,17] bekannt. Takahashi et al. [16] erläutern eine kombinierte Vorgehensweise – lineare FEM, geometrische Modelle und plastizitätstheoretische Betrachtungen (Tabelle 1) – mit deren Hilfe die beim Ziehen von Karosserieteilen auftretenden Fehler bereits in der Entwicklungsphase festgestellt und durch konstruktive Maßnahmen verhindert werden können. Wichtigstes Hilfsmittel zur Berechnung sind dabei die von Higashi et al. [15] erläuterten geometrischen Methoden zur Vorgangsanalyse. Das beschriebene Verfahren unterstützt den Konstrukteur von Ziehwerkzeugen in den einzelnen Konstruktionsphasen (Bild 4), teils durch bloßen Einsatz der graphischen Hilfsmittel, die CAD-Systeme zur Verfügung stellen, teils durch Verwendung technologischer Moduln, die auf die geometrische Datenbank des CAD-Systems zugreifen.

Der Vorteil der beschriebenen, überwiegend aus geometrischen Überlegungen abgeleiteten Vorgehensweisen liegt in der Reduzierung des Berechnungsaufwandes im Vergleich zu inkrementellen numerischen Verfahren (s. Abschn. 2.3). Die geometrische Analyse kann interaktiv auf Mikro-/ Kleinrechnern durchgeführt werden. Dennoch muß davon ausgegangen werden, daß die Aussagekraft der Ergebnisse beschränkt ist und stark davon abhängt, wie gut die Annahmen und Vereinfachungen den realen Vorgang erfassen. Aus diesen Gründen sollten die geometrischen Verfahren weniger als Alternative denn als Ergänzung zu den im folgenden beschriebenen numerischen Verfahren angesehen werden.

"Elementare Plastizitätstheorie"	Geometrische Berechnungsverfahren	Lineare FEM	
	●	●	Form des Bleches nach Anlegen des Niederhalters
	●		Ausbreiten der Stempelkontaktfläche
	●		Gestaltänderung von Rasterlinien
	●		Ausbildung von Kanten
	●		mittlere Dehnung von Rasterlinien
●			lokale Dehnung
●	●		Blecheinzug

Tabelle 1: Rechnergestützte Hilfsmittel zur Analyse von Blechumformvorgängen [15].

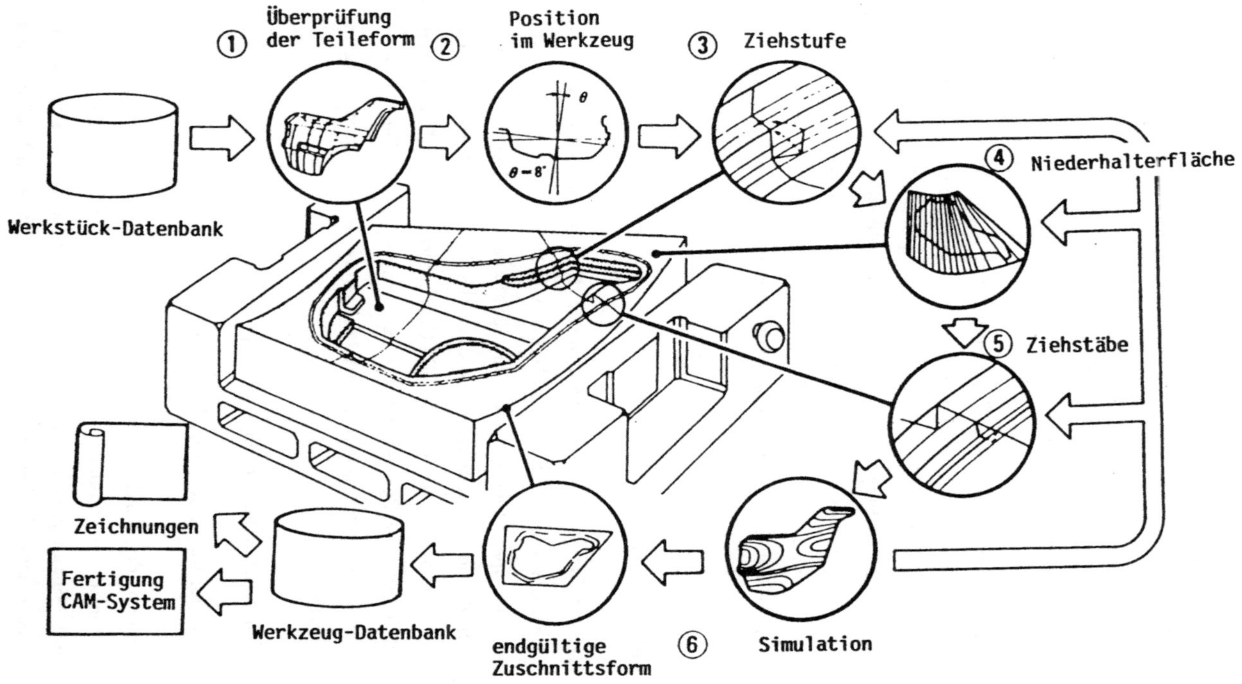

Bild 4: Arbeitsschritte bei der Konstruktion von Ziehwerkzeugen [15].

2.3 Numerische Verfahren zur Prozeßsimulation

Bei der Beschreibung von Umformvorgängen ist das aus den Grundgleichungen der Mechanik und Thermodynamik resultierende Differentialgleichungssystem im allgemeinen analytisch nicht lösbar. Numerische Verfahren wie die Methode der Finiten Elemente (FEM) oder die Finite-Differenzen-Verfahren (FDM) erlauben jedoch in Verbindung mit leistungsfähigen Rechenanlagen die Berechnung von komplizierten dreidimensionalen Umformvorgängen. Während bei der Berechnung mit der Finite-Differenzen-Methode direkt von den Differentialgleichungen des Gleichgewichts ausgegangen wird, erfolgt die Problemlösung bei den Finite-Elemente-Verfahren in der Regel über ein Variationsprinzip. Die direkte Lösung des Differentialgleichungssystems erfordert die Einhaltung der geometrischen Randbedingungen *und* der Spannungsrandbedingungen, was bei komplexen Vorgängen nicht ohne weiteres möglich ist. Wird die Formulierung dagegen über ein Variationsprinzip begründet, so sind die Spannungsrandbedingungen bereits implizit im beschreibenden Funktional berücksichtigt.

2.3.1 Finite-Differenzen-Verfahren

Erste Ansätze zur Simulation von Vorgängen der Blechumformung wurden von Woo [18,19] mit Hilfe der *Finite-Differenzen-Methode* (FDM) gemacht. Unter der Annahme des ebenen Spannungszustands (die Spannung in Dickenrichtung wird vernachlässigt) wurde auf der Grundlage des starr-plastischen Stoffgesetzes das hydrostatische Streckziehen einer kreisrunden Platine berechnet [18]. Eine Erweiterung dieses Modells wurde zur Berechnung des axialsymmetrischen Tiefziehens mit einem Kugelstempel herangezogen [19]. Hierzu wurde der Gesamtvorgang in zwei Teilvorgänge zerlegt:

- Streckziehen (im wesentlichen unter dem Stempel)
- Tiefziehen (im wesentlichen im Flansch)

Als Grenze dieser beiden Bereiche wurde der Einlauf in die Ziehringrundung willkürlich festgelegt und die Rechnung so gesteuert, daß ein kontinuierlicher Verlauf der Dehnungen bzw. Spannungen am Übergang gewährleistet ist. Das Hauptproblem für die der Berechnung ergibt sich daraus, daß sich die Platine im Lauf des Vorgangs relativ zu dem werkzeugfesten Einlaufradius verschiebt. Der Vergleich der berechneten mit den experimentell ermittelten Ergebnissen zeigt eine zufriedenstellende Übereinstimmung in den frühen Ziehstadien. Mit zunehmender Umformung werden die Abweichungen größer.

Von Kaftanoğlu und Tekkaya [20] wurde ebenfalls ein axialsymmetrischer Tiefziehvorgang untersucht. Die Platine wurde dabei in 4 Bereiche eingeteilt, die direkt mit den unterschiedlichen Beanspruchungen bei der Umformung verknüpft sind (Bild 5).

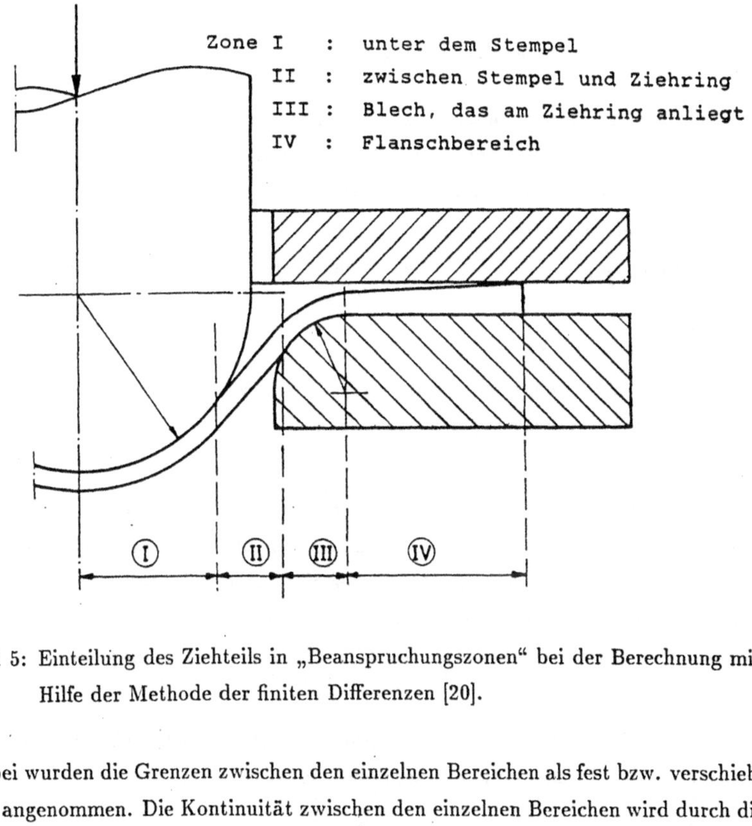

Bild 5: Einteilung des Ziehteils in „Beanspruchungszonen" bei der Berechnung mit Hilfe der Methode der finiten Differenzen [20].

Dabei wurden die Grenzen zwischen den einzelnen Bereichen als fest bzw. verschieblich angenommen. Die Kontinuität zwischen den einzelnen Bereichen wird durch die Berechnungsvorschrift erzwungen. Bei dem zugrundegelegten Modell handelt es sich um ein starr-plastisches Stoffgesetz und einen Membranansatz, d.h. die Biegeanteile an Ziehring und Stempel werden vernachlässigt. Die senkrechte Anisotropie des Bleches kann berücksichtigt werden.

Das von Reissner u.a. [21,22] vorgestellte Berechnungsverfahren für axialsymmetrische Tiefziehvorgänge beinhaltet im wesentlichen die gleichen Annahmen und Vereinfachungen wie die Methode von Kaftanoğlu und Tekkaya. Allerdings erlaubt die systematische Einteilung des Ziehteiles in verschiedene Bereiche mit entsprechenden Übergangselementen die Berechnung komplexerer Ziehteilgeometrien.

Allen bekannten FD-Verfahren ist gemein, daß die Ansätze durch die Beschreibung des Problems mit Hilfe von Geometrieelementen stark verfahrensspezifisch sind und eine Anwendung in der geschilderten Form nur für ebene bzw. rotationssymmetrische Vorgänge in Frage kommt.

2.3.2 Methode der Finiten Elemente

Die *Methode der Finiten Elemente* ist ein numerisches Näherungsverfahren mit sehr großer Anwendungsbreite. Speziell auf dem Gebiet der Umformtechnik wird das Verfahren seit Anfang der 70er Jahre eingesetzt, und zwar zunächst vor allem im Bereich der Massivumformung bei ebenen bzw. axialsymmetrischen Problemstellungen. Für diese Anwendungsfälle hat das Verfahren inzwischen eine gewisse Anwendungsreife erreicht.

Zur Berechnung von Vorgängen der Blechumformung mit Hilfe der FEM hat erst mit Beginn der 80er Jahre ein Entwicklungsschub eingesetzt. Aus der Vielzahl der veröffentlichten Untersuchungen soll im folgenden nur ein kurzer Überblick gegeben werden.

Generell ist bei der Berechnung von Umformvorgängen eine Unterscheidung nach dem verwendeten Werkstoffmodell erforderlich. Für die Blechumformung überwiegt die Zahl der Untersuchungen mit elastisch-plastischem Stoffgesetz deutlich gegenüber denen mit starr-plastischem oder viskoplastischem Modell (Tabelle 2). In dieser Übersicht sollen im wesentlichen Beiträge mit elastisch-plastischem Stoffgesetz erfaßt werden.

Eine weitere Möglichkeit der Einteilung kann nach den verwendeten Elementansätzen erfolgen. In der Blechumformung sind dabei die Ansätze vom Typ

- Membrane,
- Schale und
- Kontinuumselement

von Bedeutung. Zur Gliederung der Literaturübersicht wurde eine Einteilung nach diesen Kriterien vorgenommen.

Additional material from Beitrag zur Berechnung von Vorgängen der Blechumformung mit der Methode der Finiten Elemente
ISBN 978-3-540-53812-7 (978-3-540-53812-7_OSFO1),
is available at http://extras.springer.com

EXTRA
MATERIALS
extras.springer.com

Untersuchungen mit Membranansatz

Die grundlegende Annahme beim Membranansatz ist, daß die Membranspannungen σ_1 und σ_2 (Bild 6) über der Blechdicke konstant sind und die Normalspannung σ_3 sowie die Schubspannungen in Dickenrichtung verschwinden. Entsprechend diesen Voraussetzungen eines ebenen Spannungszustandes können von der Struktur keine Biegemomente übertragen werden. Durch diese Beschränkung ist die Ermittlung der Faltenbildung mit einem Membranmodell prinzipiell nicht möglich. Diese Vereinfachung ist dann sinnvoll, wenn die Biegeeinflüsse in der Tat eine geringe Auswirkung auf den Umformvorgang besitzen; dies kann im allgemeinen aber nur dann angenommen werden, wenn das Verhältnis Biegeradius/Blechdicke $R/s > 10 \ldots 20$ ist.

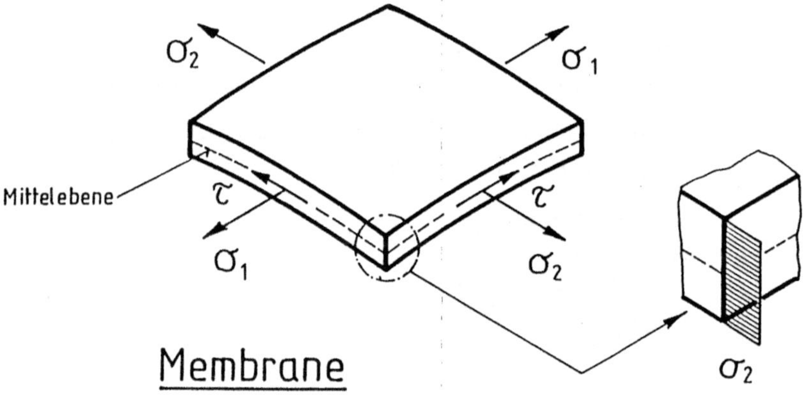

Bild 6: Spannungen beim Membranansatz.

Eigenschaftsänderungen (z.B. Verfestigung) über der Blechdicke werden ebenfalls außer acht gelassen, so daß der eigentlich dreidimensionale Umformvorgang auf ein zweidimensionales Problem in der Blechebene reduziert wird. Rechenprogramme mit Membranansatz sind weit verbreitet, da sie aufgrund der beschriebenen Vereinfachungen verhältnismäßig wenig Berechnungsaufwand erfordern.

Bei Umformvorgängen, die von einem ebenen Zuschnitt ausgehen, ist zu beachten, daß das Blech bei der Idealisierung mit finiten Elementen geringfügig aus der Blechebene ausgelenkt werden muß, da die idealisierte Struktur sonst keine Steifigkeit besitzt.

Eine der ersten Arbeiten auf dem Gebiet der Simulation von Ziehvorgängen wurde von Wang und Budiansky [29] durchgeführt. Am Beispiel des axialsymmetrischen Streckziehens mit kugelförmigem Stempel wurden Berechnungen mit verschiedenen Werkstoffdaten (Stahl, Messing, Aluminium-Legierung) durchgeführt und mit experimentell ermittelten Daten verglichen. Dabei wurde das Coulombsche Reibgesetz angenommen. Die Größe der Reibzahl μ $(0,1 \ldots 0,2)$ beeinflußt die Lage des Dehnungsmaximums erheblich und zwar derart, daß für einen gegebenen Punkt auf der Platine das Verhältnis von radialer zu tangentialer Dehnung $\varepsilon_r/\varepsilon_t$ mit zunehmender Reibzahl drastisch ansteigt. Demgegenüber ist der Einfluß der Netzfeinheit (für die Dehnungsermittlung) von geringerer Bedeutung. Der axialsymmetrische Vorgang wurde mit Dreieckselementen (mit konstantem Dehnungsansatz) in Form eines Kreisausschnitts mit 9° Öffnungswinkel idealisiert. Ein ebenfalls angestellter Vergleich der elastisch-plastischen Rechnung mit einer starr-plastischen Lösung zeigt, daß mit fortschreitender Stempelbewegung infolge der Reibung eine Entlastung im Bereich unter dem Stempel erfolgt, so daß die starr-plastische Berechnung nicht ohne weiteres fortgesetzt werden konnte.

Das FE-Programmsystem GMFORM [54] baut auf den Arbeiten von Wang und Budiansky auf und wurde eingesetzt, um die Umformung eines 3D-Blechteils zu berechnen. Das Blechteil sollte im Entwurf praktisch ausschließlich durch Streckziehen hergestellt werden, d.h. der für das Tiefziehen charakteristische Blecheinzug war nicht vorgesehen. In der Erprobungsphase zeigte sich, daß das Ziehteil nicht in der vorgesehenen Weise gefertigt werden konnte, da Versagen in den Ecken auftrat (Bild 7). Dies konnte mit Hilfe der Simulation ebenfalls nachgewiesen werden [54]. Die Konstruktion des Werkzeugs wurde daraufhin derart abgeändert, daß ein geringfügiger Blecheinzug in kritischen Bereichen zugelassen wurde.

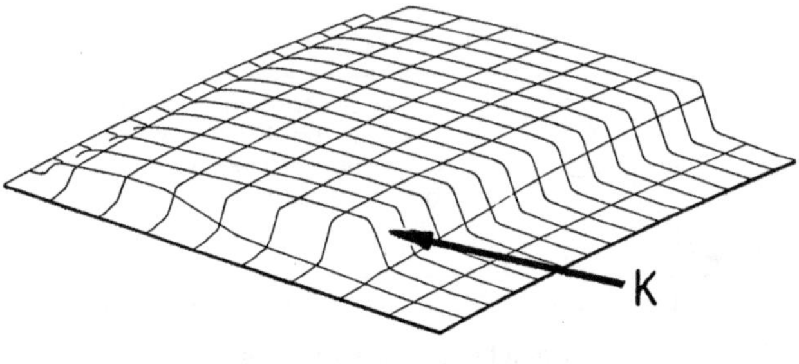

Bild 7: Mit GMFORM berechnetes 3D-Ziehteil – Werkstückgeometrie und kritischer Bereich (K) [54].

Massoni [65] untersuchte neben Streckziehvorgängen mit kugelförmigem und elliptischem Stempel auch einen Tiefziehvorgang. Um den Einfluß von Ziehstäben auf den Stofffluß zu modellieren, wurden an den am äußeren Rand der Platine liegenden Elementen Bremskräfte eingeführt. Es zeigt sich, daß die Höhe der Bremskräfte den radialen Verlauf der Blechdicke stark beeinflußt. Insbesondere die Blechdicke am Stempelradius, d.h. der einschnürgefährdete Querschnitt, ist stark von der Bremskraft abhängig und das Auftreten von „Bodenreißern“ kann direkt über die Veränderung der Bremskräfte gesteuert werden.

Keck [72] stellte einen Vergleich zwischen dem elastisch-plastischen und dem starrplastischen [51] Stoffgesetz sowie Meßwerten für das hydraulische Tiefen an (Werkstoff: Reinaluminium, s. Bild 8). Während die berechneten Druck-Polhöhen-Verläufe für die zwei unterschiedlichen Modelle praktisch identisch sind, treten im Vergleich zum Experiment [73] Abweichungen auf, die unter anderem auf Randeinflüsse (z.B. Einspannbedingungen) zurückgeführt werden. Die geringen Unterschiede in den Berechnungen liegen darin begründet, daß die Platine bei geringen Umformungen plastisch wird und bis zum Beginn der lokalen Einschnürung vollständig plastisch bleibt, so daß sich der Unterschied zwischen den verschiedenen Stoffmodellen praktisch nicht auswirkt.

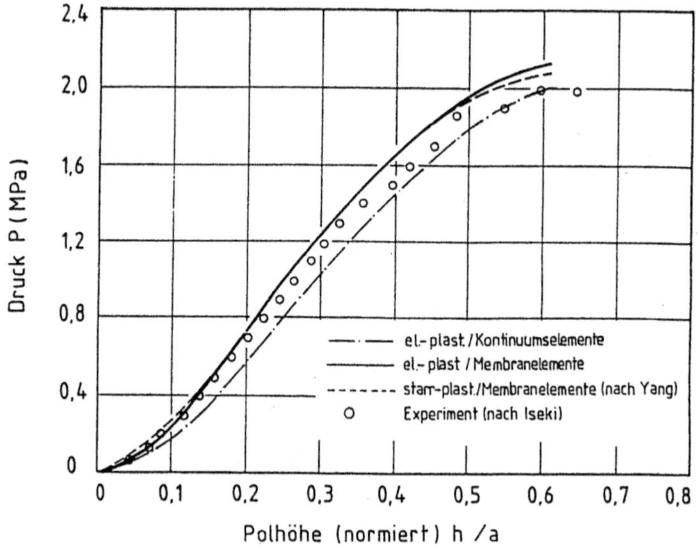

Bild 8: Hydraulisches Tiefen: Änderung der Polhöhe in Abhängigkeit vom Druck.

Untersuchungen mit Schalenansatz

Neben den Membranformulierungen werden häufig auch Schalenansätze zur Simulation von Vorgängen der Blechumformung eingesetzt. Im Gegensatz zu den Membranansätzen werden hierbei die Veränderung der Membranspannungen über der Blechdicke und ggf. auch Scherkräfte in Dickenrichtung berücksichtigt (Bild 9).

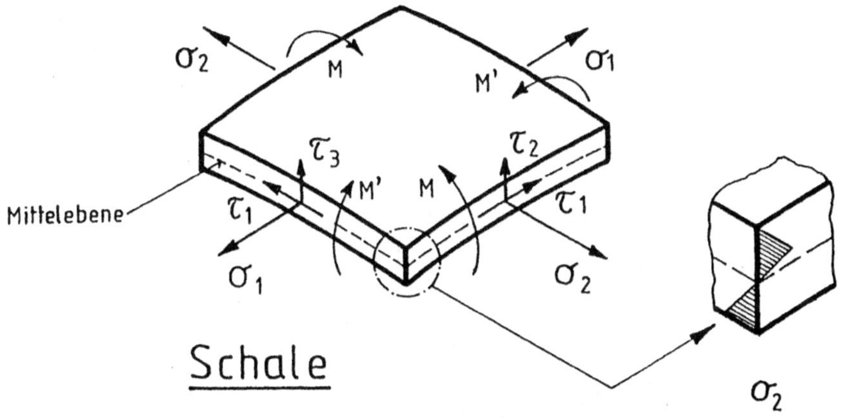

Bild 9: Spannungen beim Schalenansatz.

Hierdurch wird die Übertragung von Biegemomenten möglich. Die Berechnung der unterschiedlichen Spannungs- und Stoffwerte in Dickenrichtung wird an diskreten Schichten („layers"), ausgehend von der Mittenfaser, durchgeführt.

Teilt man den Ziehvorgang in verschiedene Stadien (Bild 10) ein, so sind nach Tang [59] zwei Grundvorgänge zu unterscheiden:

- das Aufsetzen des Niederhalters sowie die damit verbundenen Anlege- bzw. Verformungsvorgänge und
- der eigentliche Ziehvorgang, der durch die Stempelbewegung eingeleitet wird.

Die Betrachtung des ersten Vorganges ist insbesondere bei den Ziehvorgängen von Bedeutung, die eine räumlich gekrümmte Niederhalterfläche besitzen. Bei räumlich gekrümmten Niederhaltern wird zur Vermeidung von Faltenbildung die Fläche als abwickelbar bzw. „nahezu abwickelbar“ entworfen. Die Verformung des Bleches nach dem Anlegen des Niederhalters wird von Tang [59] nach einem vereinfachten Algorithmus, dem eine Schalenformulierung zugrunde liegt, berechnet: Anstelle der Lösung des realen Kontaktproblems werden aus den geometrischen Daten vorgeschriebene Verschiebungen für die Randknoten abgeleitet und Haften zwischen Werkstück und Werkzeug vorausgesetzt.

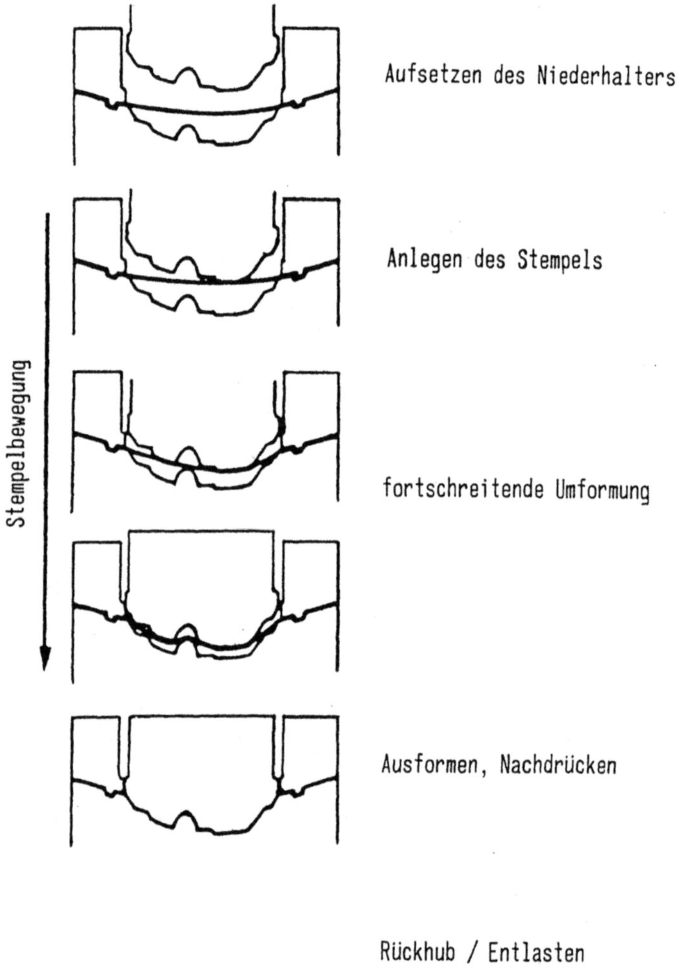

Bild 10: Stadien eines Ziehvorgangs.

Aufgrund der vereinfachenden Annahmen und der Möglichkeit, diesen Vorgang mit verhältnismäßig grober Idealisierung zu beschreiben, liegt der Berechnungsaufwand nach Tang mindestens eine Größenordnung unter der für den eigentlichen Umformvorgang.

Eine Untersuchung der Biegeeinflüsse bei der Blechumformung von Wang und Tang [60] zeigt, daß insbesondere bei Umformvorgängen mit überwiegender Tiefziehbeanspruchung das Membranmodell prinzipiell ungeeignet ist. Die numerischen Beispielrechnungen

- ebenes Streckziehen,
- ebenes Tiefziehen und
- axialsymmetrisches Tiefziehen,

jeweils mit flachem Stempel sowie der Vergleich mit experimentell bestimmten Dehnungsverteilungen und Ergebnissen nach der Membrantheorie zeigen, daß die Dehnungsmaxima an den Innen- bzw. Außenfasern nur mit Hilfe eines Schalenansatzes erfaßt werden können. Zur Simulation der Vorgänge wurde ein Schalenelement eingesetzt, wobei die numerische Integration an 7 Stellen in Dickenrichtung durchgeführt wurde. Die Bremswirkung des Niederhalters und der Ziehstäbe wurde dabei mit Hilfe einer horizontalen, am Platinenaußenrand angreifenden Bremskraft berücksichtigt.

Hora et al. [63] analysierten das Tiefziehen eines Karosserieteils unter Verwendung einer Schalenformulierung und des elastisch-plastischen Stoffgesetzes mit Hilfe des kommerziellen Programmpakets MARC und führten einen Vergleich mit Experimenten durch. Die Reibung blieb bei der Simulation unberücksichtigt. Bild 11 zeigt die berechnete Endform nach einem Stempelweg von 57 mm. Die Abmessungen des Werkstücks betrugen 800 x 400 x 60 mm. Zunächst sollte das Teil mit 1400 Schalenelementen und 1735 Kontaktelementen („Gap elements") diskretisiert werden. Es zeigte sich, daß das Problem in der vorliegenden Form nicht mit dem verfügbaren Rechner (CRAY 1S) gelöst werden konnte.

Aus diesem Grund wurden folgende Vereinfachungen eingeführt:

- Der Boden des Teils wurde als starr angenommen und bei der Idealisierung nicht berücksichtigt.
- Die Modellierung des Niederhalters wurde derart vorgenommen, daß die ver-

tikalen Verschiebungen der äußeren zwei Reihen von Knoten im Flansch unterdrückt wurden.

- Die Radien an Stempel und Ziehring wurden deutlich größer angenommen als im Experiment.

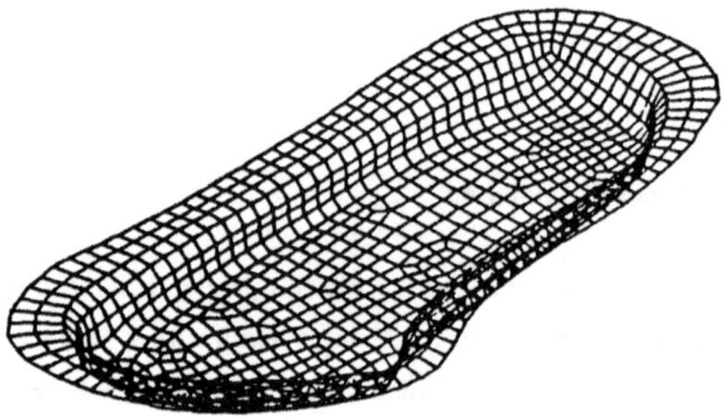

Bild 11: Simulation des Tiefziehens eines Karosserieteiles: Berechnete Form nach einem Stempelweg von 57 mm [63].

Trotz der beschriebenen Vereinfachungen betrug die Rechenzeit auf der o.g. Rechenanlage über 6 Stunden. Der Vergleich der Ergebnisse von Rechnung und Experiment zeigte insgesamt eine gute Übereinstimmung. Reissner et al. [21] geben einen Ausblick über Fortschritte bei der FE-Simulation von Blech-Umformprozessen. Dabei wird nachdrücklich auf die Probleme der Modellierung der Randbedingungen und des Versagens hingewiesen:

- Bei der Simulation von Ziehvorgängen mit Hilfe von Schalen- oder Membranansatz (ebener Spannungszustand) ist die Erfassung von Normalspannungen (z.B. durch den Niederhalter) nicht möglich.

- Die Wirkung von Ziehwulsten (Ziehleisten) sollte durch Ersatzmodelle beschrieben und nicht berechnet werden.

- Die Bestimmung der Faltenbildung ist insofern schwierig, als die Genauigkeit der Vorhersage stark von der Netzfeinheit abhängt und das zur Lösung des Gleichungssystems verwendete Verfahren versagt, da im Augenblick des Ausknickens die Steifigkeitsmatrix des Systems singulär wird - zur Berechnung von Instabilitäten werden spezielle Lösungsverfahren eingesetzt.
- Zur Beschreibung des Stoffflusses längs scharfer Kanten bzw. Radien wird die Notwendigkeit der kontinuierlichen Netzneugenerierung in den kritischen Bereichen hervorgehoben.

Untersuchungen mit Kontinuumsansatz

Kontinuumsansätze sind allgemeingültige Formulierungen, die sich keine in der flächenhaften Geometrie begründeten Annahmen oder Vereinfachungen zunutze machen. Damit ist es möglich, sämtliche Normal- und Schubspannungen, auch jene senkrecht zur Blechebene, zu berücksichtigen.

Wifi [24,34] untersuchte die Vorgänge

- Erichsen-Tiefungsversuch,
- axialsymmetrisches Tiefziehen mit Kugelstempel,
- hydrostatisches Streckziehen mit kreisrunder Platine.

Für die ersten beiden Vorgänge wurde die relativ dicke Platine (ø 100 mm, Dicke 3 mm) mit 40 Dreieckselementen mit quadratischem Verschiebungsansatz idealisiert. Für Knoten, die in Kontakt mit dem Stempel waren, wurde Haftreibung angesetzt. Beim Tiefziehen mußten die aktuellen Kontaktrandbedingungen für jedes Inkrement neu ermittelt werden. Zur Veranschaulichung der Biegeeinflüsse beim Tiefziehen wurden drei konkrete Stellen betrachtet; der Ziehringeinlauf, der Ziehringauslauf und die Ziehringrundung (Rundungsradius $r = 10$ mm). Der Radialspannungsverlauf über der Blechdicke gibt deutlich den Biegeeinfluß mit Biegedruckspannungen am Ziehring und Zugspannungen an der Außenfaser wieder. Die neutrale Faser verschiebt sich dabei geringfügig in Richtung des Ziehringes. Ebenso zeigt sich beim Vergleich Tiefziehen - Streckziehen daß durch die Entlastung und Verfestigung beim Tiefziehen große Werkstückbereiche vom plastischen in den elastischen Zustand zurückkehren, nachdem das Werkstück zunächst kurzzeitig nahezu vollständig plastifiziert war, während beim Streckziehen erst mit zunehmender Einschnürung eine Entlastung einzelner Bereiche eintritt.

Zur Simulation des hydraulischen Tiefens wurden 4 rechteckige Ringelemente der Lagrange-Klasse mit 9 Knoten eingesetzt (Platine: ø 48 mm, Dicke 0,3 mm). Trotz der verhältnismäßig groben Idealisierung sind die berechneten Ergebnisse in guter Übereinstimmung mit Meßwerten [34] , zumindest was die Dehnungen und globale Größen wie Druck und Vergleichsspannungen betrifft. Über die ermittelten Spannungen wird keine Aussage gemacht.

Von Andersen [35] wurde ein axialsymmetrischer Tiefziehvorgang berechnet. Der verwendete Elementtyp war ein Rechteckelement mit 24 Knotenpunkten. Die Formulierung ist auf der „mitgehenden Lagrange-Beschreibung“ aufgebaut und verwendet ein Euler-Verfahren zur Zeitintegration. Als Werkzeuge wurden sowohl ein flacher als auch kugelförmiger Stempel eingesetzt (ohne Niederhalter). Der Hauptunterschied zwischen den beiden Verfahren wird bei der Betrachtung der Dehnungsverteilung unter dem Stempel deutlich: Das Ziehen mit flachem Stempel führt zu deutlich geringeren Dehnungswerten unter dem Stempel. Für die betrachteten Vorgänge wurde eine nahezu lineare Dehnungsverteilung in Dickenrichtung festgestellt, so daß der Einsatz von Schalenelementen anstelle der verwendeten Kontinuumselemente möglich gewesen wäre.

Das Tiefziehen einer rotationssymmetrischen Platine mit einem ballig geformten Stempel wurde von Belingardi u.a. [66] mit Hilfe des kommerziellen Finite-Element-Programms MARC berechnet. Der Zuschnitt (ø 198 mm, Dicke 1,5 mm) wurde hierzu mit 50 Ringelementen (4 Knoten, d.h. bilinearer Verschiebungsansatz) diskretisiert und in 40 Inkrementen auf die volle Ziehtiefe von 65 mm gezogen. Zur Beschreibung des Werkzeug-Werkstück-Kontaktes wurden die in der damaligen Version von MARC verfügbaren „Gap-Elemente“ herangezogen. Reibung, Anisotropie sowie thermische und dynamische Effekte wurden vernachlässigt. Die untersuchten Werkstoffe waren ein Tiefziehstahl und ein höherfester Stahl. Die Radien an Stempel und Ziehring betrugen 16,5 bzw. 15,0 mm und lagen damit deutlich über der Blechdicke ($R/s \approx 10$). Die Radialspannungen an der Blechober- und -unterseite zeigen, daß der Anteil der Biegung am Gesamtvorgang zwar mit zunehmendem Anlegen des Bleches an den Stempel geringer wird, daß dieser aber trotzdem bei der Betrachtung des Vorganges nicht ohne weiteres vernachlässigt werden kann. Bei der Ermittlung der Rückfederung nach der Entlastung der Struktur wurde festgestellt, daß zwar die

Änderung der Geometrie bei dem berechneten Werkstück insgesamt gering ist, aber dennoch Eigenspannungen im Teil verbleiben.

Die Simulation des axialsymmetrischen Tiefziehens und des hydraulischen Tiefungsversuchs wurde von Amodio u.a. [70] ebenfalls mit Hilfe des FE-Programms MARC durchgeführt. Dabei wurden für das Tiefen Schalenelemente und Kontinuumselemente und für das Tiefziehen Kontinuumselemente mit 4 Knoten eingesetzt. In beiden Fällen wurde ein elastisch-plastisches Stoffgesetz mit isotroper Verfestigung angenommen und Reibungsfreiheit vorausgesetzt. Die Berechnung wurde für einen HSLA-Nb-Stahl durchgeführt. Bei der Idealisierung des Bleches mit Kontinuumselementen wurden 3 Elemente in Dickenrichtung angeordnet. Die beiden Rechenläufe für das hydraulische Tiefen, die mit den unterschiedlichen Diskretisierungen durchgeführt wurden, liefern praktisch identische Ergebnisse. Allerdings liegen die berechneten Dehnungswerte deutlich über den experimentell bestimmten.

Der Vergleich des berechneten Kraft-Weg-Verlaufes mit dem gemessenen beim Tiefziehen zeigt qualitative Übereinstimmung. Die Absolutbeträge der Ziehkräfte differieren allerdings um bis zu 50%. Dies wird im wesentlichen auf die vereinfachende Annahme der Reibungsfreiheit zurückgeführt. Eine Berücksichtigung der Reibungseinflüsse war mit der verwendeten Programmversion aufgrund von Konvergenzproblemen nicht möglich.

Eine ausführliche Studie zum Problem der Kontaktermittlung wurde von Stalmann [55] am Beispiel des axialsymmetrischen Tiefziehens durchgeführt. Dabei wurde die Kontaktbedingung mit Hilfe der Straffunktionsmethode (penalty method) erzwungen. Die Idealisierung des Werkstückes erfolgte mit Viereckelementen mit biquadratischem Verschiebungsansatz. Zur Lösung des Gesamtproblems wurden ein modifiziertes und ein vollständiges Newton-Raphson-Verfahren eingesetzt. Die gewählte Idealisierung liefert im Hinblick auf die Genauigkeit gute Ergebnisse, erfordert aber offenbar große Rechenzeiten, so daß eine Verallgemeinerung auf dreidimensionale Probleme nur bei Verfügbarkeit leistungsfähigerer Rechner möglich scheint.

Flanagan und Taylor [64] untersuchten das axialsymmetrische Tiefziehen einer Kupferplatine mit einem Kugelstempel. Als Besonderheit ist dabei die Modellierung des Niederhalters und Ziehrings mit einer Art „Ziehleiste“ zu erwähnen (Bild 12). Durch diese Ziehleiste wird der radiale Werkstofffluß gebremst (Reibzahl $\mu = 0,2$). Die Diskretisierung des Werkstücks mit 1200 Elementen (6 Elemente in Dickenrichtung) ist sehr fein.

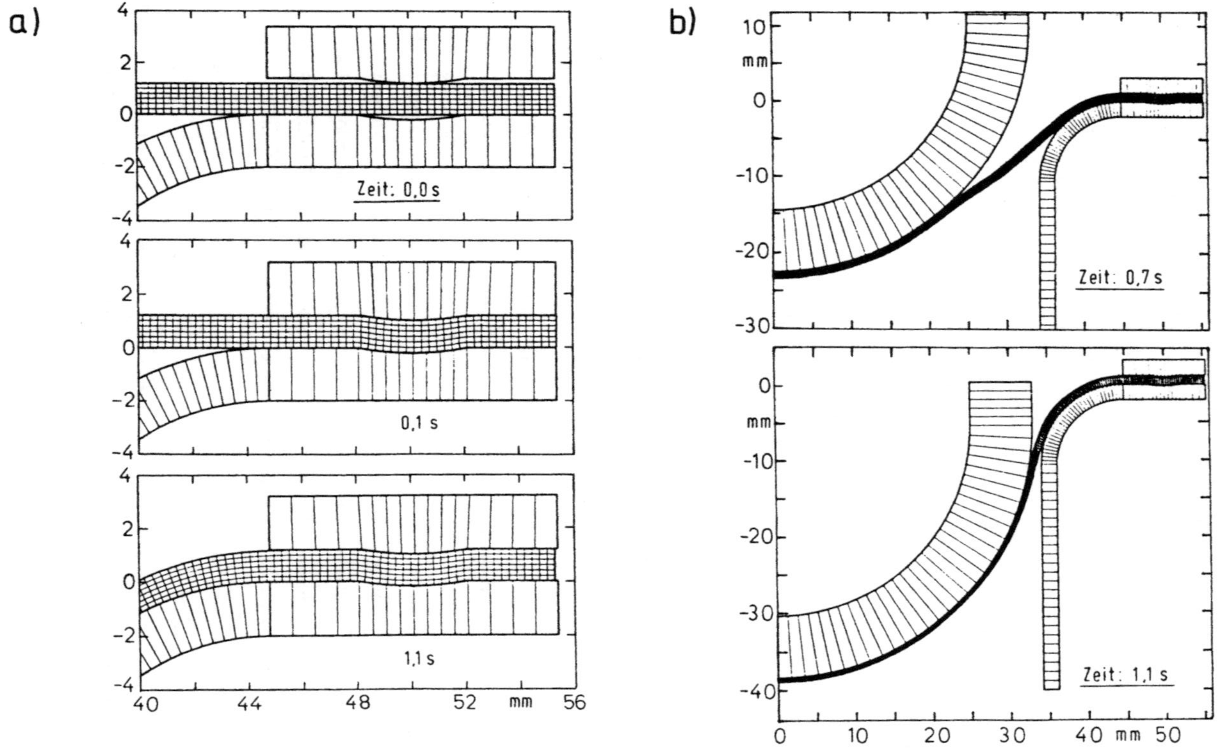

Bild 12: Axialsymmetrisches Tiefziehen einer Kupferplatine [64] – a) Schließen des Niederhalters, b) Verzerrte Geometrie zu zwei verschiedenen Zeitpunkten.

Die Lösung des zweistufigen Vorgangs

- Schließen des Niederhalters
- Tiefziehen

erfordert mit einem expliziten Finite-Element-Programm ca. 50 000 Zeitschritte und 1500 Sekunden Rechenzeit auf einem der zur Zeit leistungsfähigsten Vektorrechner CRAY X-MP/24.

Insgesamt ist festzustellen, daß in den vergangenen 15 Jahren eine Vielzahl von Untersuchungen zur Simulation von Vorgängen der Blechumformung, aufbauend auf den verschiedensten Ansätzen, durchgeführt wurde. Dabei ist eine deutliche Mehrheit bei den axialsymmetrischen Streckziehvorgängen zu vermerken. Dies mag im wesentlichen auf die einfachere Beschreibung der Randbedingungen für diese Art von Vorgängen zurückzuführen sein. Dreidimensionale Problemstellungen wurden bislang aus Gründen der hohen Rechenzeiten nur in begrenztem Umfang untersucht. Beim Tiefziehen und ähnlichen Vorgängen liegen die Hauptprobleme in der Erfassung und Beschreibung

- des Einflusses des Niederhalters (einschließlich ggf. vorhandener Ziehstäbe usw.),
- der Vorhersage des Eintritts von Versagen durch Faltenbildung oder örtliche Einschnürung ,
- der Kontaktermittlung mit den damit verbundenen Problemen des Haftens, Gleitens, Anlegens und Ablösens von Knotenpunkten an der Werkstückoberfläche und
- der Ermittlung und Beschreibung des Werkstoffverhaltens und der damit verbundenen Erscheinungen der Verfestigung und Anisotropie.

Außerdem muß bei den Tiefziehvorgängen berücksichtigt werden, daß sich - bedingt durch die langen Gleitwege - eine ursprünglich problemgerechte Diskretisierung als unzulänglich erweist und zumindest von Zeit zu Zeit eine bereichsweise Netzneugenerierung erforderlich wäre, um bei vertretbarem Diskretisierungs- und Rechenaufwand eine beanspruchungsgerechte Unterteilung der Struktur anzustreben.

3 Zielsetzung der Arbeit und Lösungsweg

Die Prozeßsimulation mit Hilfe der Methode der Finiten Elemente kann einen wesentlichen Beitrag zur Analyse und Weiterentwicklung der umformtechnischen Fertigungsverfahren leisten. Grundlage hierfür ist, neben den hardwareseitigen Voraussetzungen [74], vor allem die Verfügbarkeit und Verbreitung von Software, die die Berechnung von Umformvorgängen bei für den Anwender vertretbaren Kosten erlaubt.

Aus der Sicht der Entwickler von Finite-Elemente-Programmen, die meist von den Gebieten der angewandten Mathematik und Mechanik kommen, ist die Simulation von Umformvorgängen im allgemeinen ein Randgebiet. Dabei erfordert aber gerade die Berechnung dieser oftmals sehr komplexen Vorgänge ein sehr gutes Verständnis der technologischen Aspekte der jeweils simulierten Verfahren (Verfahrensfolgen) und ihrer Eigenheiten – sei es bei der Definition von Randbedingungen oder der Ergebnisinterpretation, z. B. im Vergleich mit Experimenten. Unter diesen Gesichtspunkten sind die Aufgaben der Umformtechniker nicht in der Neuentwicklung von Algorithmen zu sehen, sondern vielmehr in der Nutzbarmachung und Erprobung bekannter Verfahren und Ansätze. Hierzu gehören auch das Auffinden von für die jeweiligen Umformverfahren geeigneten numerischen Methoden sowie das Aufzeigen von Grenzen und Problemen in ihrer Anwendung.

Im Rahmen der vorliegenden Arbeit wurden Vorgänge der Blechumformung numerisch simuliert mit dem Ziel, Grundlagen für eine Vorhersage über den Verlauf der Umformung zu schaffen und Aussagen über die prinzipielle Durchführbarkeit oder ggf. den Zeitpunkt und Ort des Eintretens von Versagensfällen zu ermöglichen.

Die Überprüfung des Programms erfolgte anhand von einfachen Grundvorgängen

- Flachstauchen,
- Verdrehen eines Blechstreifens,

und den Umformvorgängen

- axialsymmetrisches Tiefziehen,
- Biegen im V-Gesenk und
- Streckziehen einer quadratischen Platine mit einem ebenfalls quadratischen Stempel.

Für den V-Biege-Vorgang konnte ein qualitativer Vergleich des berechneten Kraft-Weg-Verlaufes mit experimentell ermittelten Daten durchgeführt werden. Eine experimentelle Überprüfung des Verfahrens wurde am Beispiel des Ziehens einer gekerbten Flachzugprobe durchgeführt.

Ausgangspunkt der Arbeit war das von Tekkaya [1] zur Berechnung von Eigenspannungen in der Massivumformung erarbeitete Programmsystem EPDAN. Aufbauend auf den dabei gewonnenen Erkenntnissen sowie ersten Erfahrungen aus Anwendungen des Programms zur Simulation in der Blechumformung wurde das Programmsystem im Rahmen mehrerer Forschungsarbeiten [75,76,77] konsequent weiterentwickelt, wobei die im folgenden genannten Maßnahmen die wesentlichen Voraussetzungen für die Bearbeitung der o. g. Problemstellungen bildeten:

- Einbau eines vollständigen Newton-Raphson-Verfahrens zur Gleichgewichtsiteration;
- Erweiterung des Programmsystems auf die dritte Dimension (Einfügen eines 8-Knoten Hexaederelementes) und Anpassung einer von Wilhelm [78] für zweidimensionale axialsymmetrische Probleme erstellten, verbesserten Formulierung (konsistente Tangente, Rotation-Neutralized-Strain-Increment, s. Kap. 4) an das genannte Kontinuumselement;
- Die beiden erstgenannten Maßnahmen machten die Vektorisierung aller Unterprogramme zur Erstellung der Elementsteifigkeit erforderlich, um die Rechenzeiten für die stark nichtlinearen Probleme in Grenzen zu halten [72];
- Einbau eines allgemein anwendbaren Kontaktmoduls für zwei- und dreidimensionale Problemstellungen.

Teilweise wäre die Berechnung der o. a. Anwendungsbeispiele auch mit kommerziellen Programmpaketen möglich gewesen. Dennoch wurde der Weg der Eigenentwicklung beschritten; denn nur bei Verfügbarkeit des Quellprogrammes können Probleme und Fehler lokalisiert und ggf. abgefangen werden. Zudem sind Aussagen über die Brauchbarkeit der Verfahren für die Simulation in der Umformtechnik auf der Grundlage eines tieferen Verständnisses der numerischen Algorithmen wesentlich besser möglich als aufgrund von Erfahrungen mit kommerziellen Systemen.

4 Beschreibung des Lösungsverfahrens

Die zur Beschreibung umformtechnischer Vorgänge herangezogenen Modelle führen mathematisch gesehen auf Randwertprobleme. Für den betrachteten Körper – das Werkstück – mit dem vorgegebenen Volumen V, das von der Oberfläche A begrenzt wird, gelten dabei folgende Verträglichkeits- und Gleichgewichtsbedingungen (– diese sind unabhängig vom verwendeten Stoffgesetz) :

1. Gleichgewichtsbedingungen (s. Abs. 4.2)

2. Spannungsrandbedingungen

3. Verschiebungsrandbedingungen (z.B. Kontaktproblem, s. Abs. 4.9)

Den Ausgangspunkt der vorliegenden Formulierung bildet das Prinzip der virtuellen Verschiebungen als schwache Form der Gleichgewichtsbedingungen. Der Zusammenhang zwischen den Spannungen und Formänderungen (bzw. Formänderungsinkrementen) wird durch das elastisch-plastische Stoffgesetz (Prandtl-Reuß) gegeben. Die Volumenkonstanz der plastischen Formänderungen wird als zusätzliche Nebenbedingung berücksichtigt (s. Abs. 4.5).

Als numerisches Lösungsverfahren wird die Methode der Finiten Elemente (FEM) angewandt. Da die Umformvorgänge durch eine Vielzahl von Nichtlinearitäten

- nichtlineares Stoffgesetz (Wegabhängigkeit der Stoffgesetzparameter, z.B. der Fließspannung)

- große Verzerrungen, d.h. geometrische Nichtlinearität und

- wechselnde Randbedingungen

gekennzeichnet sind, ist für die Berechnungen eine inkrementelle Vorgehensweise erforderlich.

Bei der folgenden Herleitung der Grundgleichungen der inkrementellen Formulierung erfolgt die Bezeichnung der kontinuumsmechanischen Größen in Anlehnung an die Arbeiten von Bathe [84] und Ramm [79]. Dabei liegt die Indexschreibweise unter Verwendung der Summationskonvention zugrunde, sofern dies nicht ausdrücklich ausgeschlossen wird. Es bezeichnet

$$u_{i,j} = \frac{\partial u_i}{\partial x_j} \text{ die partiellen Ableitungen von } u_i \text{ nach den Koordinaten } x_j \quad .$$

Für die Indizes (linkes Super- und Subscript) gilt

$$ {}^{m}_{n}\sigma = \begin{cases} m & \text{Wirkungszustand} \\ n & \text{Bezugszustand} \end{cases} $$

Bei inkrementellen Größen kann der obere Index entfallen.

4.1 Vorbemerkungen zur Kinematik

Der Bewegungsvorgang eines materiellen Punktes (Teilchens) wird in einem raumfesten kartesischen Koordinatensystem beschrieben. Dies entspricht der Lagrangeschen Betrachtungsweise. In Bild 13 kennzeichnet der Zustand 1 die bekannte (bereits berechnete) Lage eines Körpers im Raum zum Zeitpunkt ${}^{1}t$. Gesucht ist der Zustand 2 des Körpers zum Zeitpunkt ${}^{2}t = {}^{1}t + dt$.

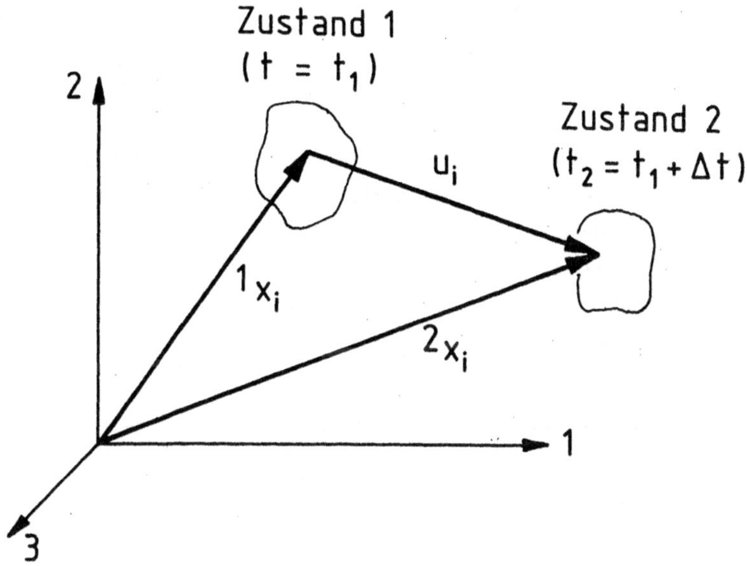

Bild 13: Bewegung eines Körpers im Raum.

Die Koordinaten eines materiellen Punktes P zum Zeitpunkt ${}^{2}t$ lauten

$$ {}^{2}x_i = {}^{1}x_i + u_i \quad . \tag{2} $$

Hierbei bezeichnet u_i die Komponenten des Verschiebungsfeldes.

Der Deformationsgradient **F**, der ein Maß für die lokale Deformation des Körpers darstellt, ergibt sich dann zu

$$F_{ij} = {}^2_1x_{i,j} = \frac{\partial^2 x_i}{\partial^1 x_j} = \delta_{ij} + u_{i,j} \quad , \tag{3}$$

worin $u_{i,j}$ den Verschiebungsgradienten bezeichnet.

Der Geschwindigkeitsgradient **L** und der Tensor der Verzerrungsgeschwindigkeiten **D** bestimmen sich zu

$$L_{ij} = v_{i,j} = \frac{d}{dt}\left(\frac{\partial u_i}{\partial x_j}\right) \tag{4}$$

und

$$D_{ij} = \frac{1}{2}(L_{ij} + L_{ji}) = \frac{1}{2}(v_{i,j} + v_{j,i}) \quad . \tag{5}$$

Daraus ergibt sich der schiefsymmetrische Tensor der Drehgeschwindigkeiten **W**

$$W_{ij} = L_{ij} - D_{ij} = \frac{1}{2}(v_{i,j} - v_{j,i}) \quad . \tag{6}$$

4.2 Das Prinzip der virtuellen Verschiebungen

Für den Fall eines quasistatischen Vorgangsablaufs, bei dem Beschleunigungen und die durch sie hervorgerufenen Massenkräfte vernachlässigbar sind, lassen sich die Gleichgewichtsbedingungen für den Zustand 2 durch das Prinzip der virtuellen Verschiebungen folgendermaßen angeben:

$${}^2\delta W_i = {}^2\delta W_a \quad . \tag{7}$$

Aus der Gleichheit der von den inneren und äußeren Kräften geleisteten virtuellen Arbeiten folgt mit den o.g. Voraussetzungen

$$\int_{^2V} {}^2_2\sigma_{ij}\, \delta_2 u_{j,i}\, d^2V = \int_{^2A} {}^2_2t_i\, \delta u_i\, d^2A \quad . \tag{8}$$

Die einzelnen Größen bedeuten:

${}^2_2\sigma_{ij}$	Cauchy-Spannungstensor,
${}^2_2t_i$	Spannungsvektor,
δu_i	Variation des Verschiebungsfeldes und
$\delta_2 u_{j,i}$	Variation des Verschiebungsgradienten.

Sämtliche Größen in Gl. (8) sind auf die Geometrie des noch unbekannten Zustands 2 bezogen. Dieses Problem läßt sich umgehen, indem alle Größen auf eine bekannte Konfiguration bezogen werden. Als bekannte Konfiguration bietet sich entweder die (unbelastete) Ausgangsgeometrie oder – bei einer inkrementellen Vorgehensweise – die zuletzt berechnete Gleichgewichtslage an. Die sich daraus ergebenden Betrachtungsweisen werden als

- totale Lagrangesche oder
- mitgehende (updated) Lagrangesche

Formulierung bezeichnet.

Im folgenden wird ausschließlich die Vorgehensweise bei der mitgehenden Lagrangeschen Betrachtungsweise beschrieben.

Die Umformung von Gl. (8) zur Integration über das Volumen des bekannten Bezugszustands liefert [80]

$$\int_{^1V} {}^2_1T^o_{ji}\, \delta^2_1 x_{i,j}\, d^1V = {}^2\delta W_a \quad , \qquad (9)$$

mit

${}^2_1T^o_{ji}$	1. Piola-Kirchhoff Spannungstensor und
$\delta^2_1 x_{i,j}$	Variation des Deformationsgradienten **F**

Der Zusammenhang zwischen der 1. Piola-Kirchhoff-Spannung und der Cauchy-Spannung lautet:

$${}^2_1T^o_{ji} = \frac{{}^1\rho}{{}^2\rho}\, {}^1_2x_{j,k}\, {}^2_2\sigma_{ki} \quad . \qquad (10)$$

Damit ergibt sich aus Gl. (9)

$$\int_{^1V} \frac{{}^1\rho}{{}^2\rho}\, {}^1_2x_{j,k}\, {}^2_2\sigma_{ki}\, \delta^2_1 x_{i,j}\, d^1V = {}^2\delta W_a \quad . \qquad (11)$$

Die aus dem Prinzip der virtuellen Verschiebungen hergeleitete Gleichung (11) führt im allgemeinen Fall auf eine nichtlineare Beziehung für die unbekannten Verschiebungen u_i , deren direkte Lösung in der Regel unmöglich ist. In Verbindung mit dem ebenfalls nichtlinearen elastisch-plastischen Stoffgesetz wird deswegen eine iterative und inkrementelle Vorgehensweise eingeschlagen, die eine Linearisierung von Gl. (11) um den zuletzt berechneten Zustand erforderlich macht.

Diese Linearisierung lautet

$$\int_{{}^1V} [({}^1_2x_{j,k}\, d\sigma_{ki} - {}^1_2x_{j,m}\, du_{m,k}\, {}^2_2\sigma_{ki}) \frac{{}^1\rho}{{}^2\rho}\, \delta^2_1x_{i,j}$$

$$+ {}^1_2x_{j,k}\, {}^2_2\sigma_{ki}\, \delta^2_1x_{i,j}\, d(\frac{{}^1\rho}{{}^2\rho})]\, d^1V = d({}^2\delta W_a) \quad . \tag{12}$$

Durch die Wahl des aktuellen Zustands 2 als Referenzzustand einer Linearisierung des Prinzips der virtuellen Verschiebungen ergeben sich folgende Vereinfachungen:

$$\begin{aligned} {}^2_1x_{i,j} &\rightarrow \delta_{ij} \\ \delta^2_1x_{i,j} &\rightarrow \delta u_{i,j} \\ d(\frac{{}^1\rho}{{}^2\rho}) &\rightarrow du_{k,k} \\ \frac{{}^1\rho}{{}^2\rho} &\rightarrow 1 \end{aligned}$$

Damit wird Gl. (12) nach Umbenennung der Indizes zu

$$\int_{{}^2V} [d\sigma_{ij} - {}^2_2\sigma_{kj}\, du_{i,k} + {}^2_2\sigma_{ij}\, du_{k,k}]\, \delta u_{i,j}\, d^2V = d({}^2\delta W_a) \quad . \tag{13}$$

Die linke Seite von Gl. (13) setzt sich aus drei Anteilen zusammen. Der erste Term ist der aus der Theorie kleiner Dehnungen bekannte Anteil. Die beiden restlichen Glieder berücksichtigen den Anfangsspannungsanteil und die Volumenänderung.

4.3 Das elastisch-plastische Stoffgesetz nach Prandtl-Reuß

Eine grundlegende Annahme in der Theorie großer plastischer Formänderungen ist, daß bei isothermen Vorgängen der Formänderungsgeschwindigkeitstensor additiv in einen elastischen und einen plastischen Anteil zerlegt werden kann:

$$D_{ij} = D^{el}_{ij} + D^{pl}_{ij} \quad . \tag{14}$$

Der elastisch-plastische Stofftensor C^{ep}_{ijkl} verknüpft die Formänderungsgeschwindigkeiten mit den Spannungsgeschwindigkeiten:

$$\overset{\star}{\sigma}_{ij} = C^{ep}_{ijkl}\, D_{kl} \quad . \tag{15}$$

Die Anwendung des Axioms der Objektivität auf das verwendete elastisch-plastische Stoffgesetz führt auf die Forderung nach einer objektiven Spannungsgeschwindigkeit, da die zeitliche Ableitung der Cauchy-Spannung $\dot{\sigma}_{ij}$ keine objektive Größe darstellt.

Aus der Vielzahl von objektiven Spannungsgeschwindigkeiten [81] wird im Rahmen dieser Untersuchung die Jaumannsche Spannungsableitung $\overset{\star}{\sigma}_{ij}$ herangezogen. Diese berechnet sich nach

$$\overset{\star}{\sigma}_{ij} = \dot{\sigma}_{ij} - W_{ik}\,\sigma_{kj} + W_{ik}\,\sigma_{kj} \quad , \tag{16}$$

worin W_{ij} den Drehgeschwindigkeitstensor beschreibt (s. Gl. 6).

Mit der Schiefsymmetrie von W_{ij} folgt daraus

$$\overset{\star}{\sigma}_{ij} = \dot{\sigma}_{ij} - W_{ik}\,\sigma_{kj} - W_{ki}\,\sigma_{kj} \tag{17}$$

bzw.

$$\dot{\sigma}_{ij} = \overset{\star}{\sigma}_{ij} + W_{ik}\,\sigma_{kj} + W_{ki}\,\sigma_{kj} \quad . \tag{18}$$

Daraus erhält man mit (15)

$$\dot{\sigma}_{ij} = C^{ep}_{ijkl}\,D_{kl} + W_{ik}\,\sigma_{kj} + W_{ki}\,\sigma_{kj} \quad . \tag{19}$$

Gl. (15) kann auch in der Form

$$\overset{\star}{\sigma}_{ij} = C_{ijkl}\,D^{el}_{kl} = C_{ijkl}\,(\,D_{kl} - D^{pl}_{kl}\,) \tag{20}$$

geschrieben werden, wobei C_{ijkl} den elastischen Stofftensor darstellt.

Die v. Misessche Fließbedingung

$$F(\,\sigma_{ij}) = \frac{1}{2}\,\sigma'_{ij}\,\sigma'_{ij} - \frac{1}{3}\,k_f^2(\,\varepsilon_V) = 0 \tag{21}$$

in der σ'_{ij} den Spannungsdeviator und k_f die Fließspannung bezeichnen, liefert die Fließregel

$$D^{pl}_{kl} = \dot{\lambda}\,\frac{\partial F}{\partial \sigma_{ij}} \qquad \text{für} \quad F = 0 \quad \text{und} \quad \dot{F} = 0 \tag{22}$$

und

$$D^{pl}_{kl} = 0 \qquad \text{für} \quad F = 0 \quad \text{und} \quad \dot{F} < 0 \quad , \tag{23}$$

bzw.

$$D^{pl}_{kl} = 0 \qquad \text{für} \quad F < 0. \tag{24}$$

Nach Einführung des Kompressionsmoduls

$$K = \frac{E}{3(1-2\nu)} \tag{25}$$

und des Schubmoduls

$$G = \frac{E}{2(1+\nu)} \tag{26}$$

liefert (20)

$$\overset{\star}{\sigma}_{ij} = [(K - \frac{2}{3} G) \delta_{ij}\delta_{kl} + G (\delta_{ij}\delta_{jk} + \delta_{ik}\delta_{il})] D^{el}_{kl} . \tag{27}$$

Das vorgestellte Stoffgesetz bildet die Grundlage aller im folgenden beschriebenen Berechnungen.

Trotz der bei Blechwerkstoffen in der Regel sehr ausgeprägten anisotropen Stoffeigenschaften wurde in erster Näherung isotropes Verhalten vorausgesetzt.

Da das elastisch-plastische Stoffgesetz keine „echte" Zeitabhängigkeit aufweist (s. Hill [83]), kann Gl.(19) durch das Zeitinkrement dt dividiert werden. Daraus folgt

$$d\sigma_{ij} = C^{ep}_{ijkl}\, d\varepsilon_{kl} + \sigma_{kj}\, d\omega_{ik} + \sigma_{kj}\, d\omega_{ki} , \tag{28}$$

mit

$$D_{ij} = \frac{d\varepsilon_{ij}}{dt} = \frac{d}{dt} [\frac{1}{2} (u_{i,j} + u_{j,i})] , \tag{29}$$

$$W_{ij} = \frac{d\omega_{ij}}{dt} = \frac{d}{dt} [\frac{1}{2} (u_{i,j} - u_{j,i})] \tag{30}$$

und

$$du_{i,j} = d\varepsilon_{ij} + d\omega_{ij} . \tag{31}$$

Damit ergibt sich nach einigen Umformungen aus Gl. (13)

$$\int_{{}^2V} [C^{ep}_{ijkl}\, d\varepsilon_{kl} + {}^2_2\sigma_{ij}\, du_{k,k} - 2\ {}^2_2\sigma_{kj}\, d\varepsilon_{ik} + {}^2_2\sigma_{kj}\, du_{k,i}]\, \delta u_{i,j}\, d^2V = d({}^2\delta W_a). \tag{32}$$

Diese linearisierte Form des Prinzips der virtuellen Verschiebungen wurde erstmals von Hill [83] angegeben und von McMeeking und Rice [82] in eine FE-Formulierung umgesetzt.

4.4 Diskretisierung mit Finiten Elementen

Durch das Prinzip der virtuellen Verschiebungen Gl. (8) und das Prandtl-Reußsche Stoffgesetz Gl. (15) wird der Umformvorgang bei gegebenen Anfangs- und Randbedingungen vollständig beschrieben. Das dabei entstehende, hochgradig nichtlineare System wird mit Hilfe der Methode der Finiten Elemente numerisch gelöst. Die theoretischen Grundlagen zur FEM sind in [84,85,86] ausführlich beschrieben.

Die räumliche Diskretisierung des Werkstücks erfolgte im Rahmen der vorliegenden Untersuchung mit

- isoparametrischen 4-Knoten-Rechteckelementen mit bilinearem Verschiebungsansatz für axialsymmetrische Probleme und
- isoparametrischen 8-Knoten-Hexaederelementen mit trilinearem Verschiebungsansatz für allgemeine dreidimensionale Aufgabenstellungen.

Bei den isoparametrischen Elementen werden sowohl die Geschwindigkeiten bzw. Verschiebungen im Element als auch die Ortskoordinaten mit den gleichen Interpolations- / Formfunktionen angenähert.

In den o.g. Fällen resultiert aus den Ansatzfunktionen für die Knotenpunktsverschiebungen eine lineare Dehnungsverteilung im Element. Elemente mit Ansätzen höherer Ordnung haben sich für die beschriebenen Problemstellungen nicht bewährt, da insbesondere die Kontaktbehandlung bei höherwertigen Elementen Schwierigkeiten bereitet.

Die im Element auftretenden Verschiebungen $\{\Delta u^e\}$ berechnen sich aus den Knotenpunktsverschiebungen $\{\Delta u_p^e\}$ mit Hilfe der Formfunktionen $[N^e]$ zu

$$\{u^e\} = [N^e]\{u_p^e\} \quad , \tag{33}$$

Im Hinblick auf die rechentechnische Realisierung erscheint es zweckmäßig, den „Vektor" der Formänderungsgeschwindigkeiten wie folgt zu definieren:

$$\{D\} = \lfloor D_{rr} \; D_{zz} \; D_{tt} \; D_{rz} \rfloor \tag{34}$$

für den axialsymmetrischen Fall und

$$\{D\} = \lfloor D_{xx} \; D_{yy} \; D_{yy} \; D_{xy} \; D_{yz} \; D_{zx} \rfloor \tag{35}$$

für den dreidimensionalen Fall.

Analog hierzu wird der Vektor des Verschiebungsgradienten geschrieben als

$$\{u_{i,j}\} = \lfloor \; u_{r,r} \; u_{z,z} \; u_{t,t} \; u_{r,z} \; u_{z,r} \; \rfloor \tag{36}$$

und

$$\{u_{i,j}\} = \lfloor \; u_{x,x} \; u_{y,y} \; u_{y,y} \; u_{x,y} \; u_{y,x} \; u_{y,z} \; u_{z,y} \; u_{z,x} \; u_{x,z} \; \rfloor \quad . \tag{37}$$

Die Matrix $[B^e]$ stellt den Zusammenhang zwischen den Verschiebungen der Knotenpunkte eines Elementes und dem Verschiebungsgradienten $\{u_{i,j}\}$ her:

$$\{u^e_{i,j}\} = [B^e]\,\{u^e_p\} \quad . \tag{38}$$

Der Deformationsgradient **F** kann aus dem Verschiebungsgradienten entsprechend Gl.(3) bestimmt werden.

Die Elementsteifigkeitsmatrix $[k^e]$ ergibt sich dann entsprechend Gl. (32) unter Berücksichtigung der Anfangsspannungsanteile zu

$$[k^e] = [k^{ep}] + [k^\sigma_1] + [k^\sigma_2]. \tag{39}$$

Im einzelnen sind

$$[k^{ep}] = \int_{V^e} [\bar{B}^e]^T [C^{ep}_t][\bar{B}^e] dV^e, \tag{40}$$

$$[k^\sigma_1] = \int_{V^e} [\bar{B}^e]^T [C^\sigma_1][\bar{B}^e] dV^e \tag{41}$$

und

$$[k^\sigma_2] = \int_{V^e} [\bar{B}^e]^T [C^\sigma_2][\bar{B}^e] dV^e \quad . \tag{42}$$

Die Matrizen $[C^\sigma_1]$ und $[C^\sigma_2]$ lassen sich einfach aus Gl. (32) herleiten.

Die Elementsteifigkeitsmatrix $[k^e]$ besteht aus drei symmetrischen Teilmatrizen, die aus den drei Termen in Gl. (32) abgeleitet werden können. Der vierte Term von Gl. (32), der die Volumenänderung $du_{k,k}$ beinhaltet, wird im allgemeinen in der Steifigkeitsmatrix nicht berücksichtigt, da er einen unsymmetrischen Beitrag liefern würde und bei metallischen Werkstoffen, im Vergleich zu den übrigen Steifigkeitsanteilen, vernachlässigt werden kann.

4.5 Rechentechnische Behandlung der plastischen Inkompressibilität

Die Bedingung der Inkompressibilität der plastischen Formänderungen führt bei der Formulierung mit Finiten Elementen mit Verschiebungsansatz zu Problemen. Es zeigt sich, daß bei vollständig integrierten Elementen – dilatorischer und deviatorischer Anteil der Steifigkeitsmatrix werden hierbei gleich behandelt – das Gesamtsystem ein unsinniges Verhalten („Locking") zeigt. Vorgänge mit ebenem Spannungszustand sind davon nicht betroffen. Bei voll integrierten Elementansätzen wird die

Inkompressibilitätsbedingung an jedem Integrationspunkt erfüllt. Dies führt zu einer unzulässigen Reduktion der Freiheitsgrade des Gesamtsystems.

Aus der Literatur sind zwei Vorgehensweisen bekannt, um die beschriebenen Probleme zu umgehen [96,97]:

- Die Einführung von Lagrangeschen Multiplikatoren im Rahmen von gemischten Formulierungen – die Lagrangeparameter entsprechen dabei, physikalisch gesehen, der mittleren (hydrostatischen) Spannung.
- Die Verwendung einer sog. „Penalty"-Formulierung. Hierbei wird eine geringfügige Kompressibilität zugelassen.

Der Penalty-Ansatz besitzt gegenüber dem Lagrange-Verfahren den Vorteil, daß keine zusätzlichen Freiheitsgrade eingeführt werden müssen.

Durch geringfügige Modifikationen der üblichen Elementformulierungen für den Verschiebungsansatz können Elemente konstruiert werden, die die Berechnung nahezu inkompressibler Vorgänge mit dem Penalty-Ansatz erlauben. (Bei elastisch-plastischen Vorgängen ist die Einführung eines Penalty-Termes aufgrund der zulässigen elastischen Volumenänderung nicht erforderlich.) Diese Verfahren werden unter dem Begriff der selektiv reduzierten Integration zusammengefaßt.

Hierbei wird Elementsteifigkeitsmatrix in einen deviatorischen und einen dilatorischen Anteil zerlegt:

$$[k^e] = [k^e]^{dev} + [k^e]^{dil} \quad , \tag{43}$$

mit

$$[k^e]^{dev} = \int_{V^e} [B]^T [\, C_t^{ep}]^{dev} [B] \; dV^e \tag{44}$$

und

$$[k^e]^{dil} = \int_{V^e} [B]^T [\, C_t^{ep}]^{dil} [B] \; dV^e \tag{45}$$

Das Werkstoffverhalten wird durch die Matrix $[\, C_t^{ep}]$

$$[\, C_t^{ep}] = [\, C_t^{ep}]^{dev} + [\, C_t^{ep}]^{dil} \tag{46}$$

die wiederum in einen deviatorischen Anteil $[\, C_t^{ep}]^{dev}$ und einen dilatorischen Anteil $[\, C_t^{ep}]^{dil}$ zerlegt werden kann, repräsentiert.

Im Gegensatz zur vollständig reduzierten Integration, bei der beide Steifigkeitsanteile $[k^e]^{dev}$ und $[k^e]^{dil}$ in der gleichen Form reduziert integriert werden, erfolgt bei der selektiv reduzierten Integration eine unterschiedliche Behandlung der beiden Teilsteifigkeiten in der Form, daß der deviatorische Anteil voll integriert wird, während der dilatorische Anteil reduziert integriert wird. Dadurch bleibt der korrekte Rang der Steifigkeitsmatrix erhalten und die bei vollständig reduzierter Integration häufig auftretenden Probleme des „Hourglassing“ werden vermieden.

Im folgenden soll kurz die Vorgehensweise zur Berechnung der modifizierten Steifigkeitsmatrix für ein isoparameterisches Hexaederelement mit 8 Knoten beschrieben werden . Das Element mit trilinearem Verschiebungsansatz wird normalerweise an 2 x 2 x 2 Stützstellen integriert. Die reduzierte Integration erfolgt am Elementmittelpunkt (s. a. Hughes [97]). Die Integration mit einer Stützstelle kommt physikalisch gesehen einem konstanten hydrostatischen Druck im Element gleich.

Die Matrix $[B_{a,i}]$ enthält die Ableitungen der Formfunktion N_a

$$[B_{a,i}] = \frac{\partial N_a}{\partial x_i} \quad , \quad i = 1 \ldots 3 \tag{47}$$

für $a = 1 \ldots n$ (Anzahl der Knotenpunkte im Element):

$$[B_a] = \begin{pmatrix} B_{a,1} & 0 & 0 \\ 0 & B_{a,2} & 0 \\ 0 & 0 & B_{a,3} \\ B_{a,2} & 0 & 0 \\ 0 & B_{a,1} & 0 \\ 0 & B_{a,3} & 0 \\ 0 & 0 & B_{a,2} \\ 0 & 0 & B_{a,1} \\ B_{a,3} & 0 & 0 \end{pmatrix}$$

Der dilatorische Anteil von $[B_a]$ wird beschrieben durch $[B_a]^{dil}$, d.h.

$$[B_a]^{dil} = \frac{1}{3} \begin{pmatrix} B_{a,1} & B_{a,2} & B_{a,3} \\ B_{a,1} & B_{a,2} & B_{a,3} \\ B_{a,1} & B_{a,2} & B_{a,3} \\ 0 & 0 & 0 \\ 0 & 0 & 0 \\ 0 & 0 & 0 \\ 0 & 0 & 0 \\ 0 & 0 & 0 \\ 0 & 0 & 0 \end{pmatrix}$$

Damit wird der deviatorische Teil $[B_a]^{dev}$ zu

$$[B_a]^{dev} = [B_a] - [B_a]^{dil} \quad . \tag{48}$$

Der dilatorische Anteil wird nun durch eine modifizierte Formulierung $[\bar{B}_a]^{dil}$ ersetzt. Die modifizierte Matrix $[\bar{B}_a]^{dil}$ kann mit Hilfe der reduzierten Integration ermittelt werden. Eine weitere Möglichkeit hierzu bietet die sog. „Mean-Dilatational"-Formulierung, die erstmals von Nagtegaal [94] vorgestellt wurde und strenggenommen keine reduzierte Integration verwendet. Die Komponenten von $[\bar{B}_a]^{dil}$ berechnen sich dann nach folgender Gleichung

$$[\bar{B}_{a,i}] = \frac{\int_{V^e}[B_{a,i}]dV^e}{\int_{V^e} dV^e} \quad . \tag{49}$$

Damit wird die modifizierte Matrix $[\bar{B}_a]$ zu

$$[\bar{B}_a] = \begin{pmatrix} \bar{B}_{a,4} & \bar{B}_{a,8} & \bar{B}_{a,9} \\ \bar{B}_{a,7} & \bar{B}_{a,5} & \bar{B}_{a,9} \\ \bar{B}_{a,7} & \bar{B}_{a,8} & \bar{B}_{a,6} \\ B_{a,2} & 0 & 0 \\ 0 & B_{a,1} & 0 \\ 0 & B_{a,3} & 0 \\ 0 & 0 & B_{a,2} \\ 0 & 0 & B_{a,1} \\ B_{a,3} & 0 & 0 \end{pmatrix}$$

Dabei bezeichnen

$$\bar{B}_{a,4} = B_{a,1} + \frac{1}{3}(\bar{B}_{a,1} - B_{a,1}) \quad , \tag{50}$$

$$\bar{B}_{a,5} = B_{a,2} + \frac{1}{3}(\bar{B}_{a,2} - B_{a,2}) \quad , \tag{51}$$

$$\bar{B}_{a,6} = B_{a,3} + \frac{1}{3}(\bar{B}_{a,3} - B_{a,3}) \quad , \tag{52}$$

$$\bar{B}_{a,7} = \frac{1}{3}(\bar{B}_{a,1} - B_{a,1}) \quad , \tag{53}$$

$$\bar{B}_{a,8} = \frac{1}{3}(\bar{B}_{a,2} - B_{a,2}) \quad , \tag{54}$$

$$\bar{B}_{a,9} = \frac{1}{3}(\bar{B}_{a,3} - B_{a,3}) \quad . \tag{55}$$

Die somit bestimmte modifizierte B-Matrix wird sowohl zur Berechnung der Elementsteifigkeitsmatrix $[k^e]$ als auch zur Bestimmung des Vektors der inneren Kräfte

$$\{f^e\} = \int_{V^e} [\bar{B}]^T \{\sigma\} \, dV^e \tag{56}$$

verwendet.

Bei der Ermittlung des inkrementellen Dehnungsinkrements $\Delta\varepsilon$ (s. Abs. 4.6) wird ebenfalls ein modifizierter Deformationsgradient $\bar{\mathbf{F}}$ verwendet. Dieser folgt aus der multiplikativen Zerlegung des Deformationsgradienten $\mathbf{F}$ in seinen deviatorischen und dilatorischen Anteil. Der deviatorische Anteil ist gegeben durch die Jacobi-Determinante J des Deformationsgradienten

$$F_{ij}^{dil} \; = \; J^{1/3}\,\delta_{ij} \; = \; (\det \mathbf{F})^{1/3}\,\delta_{ij} \quad . \tag{57}$$

Damit berechnet sich der deviatorische Anteil zu

$$F_{ij}^{dev} \; = \; J^{-1/3}\,F_{ij} \qquad \text{mit} \qquad \det \mathbf{F}^{dev} \equiv 1 \quad . \tag{58}$$

Der Volumenänderungsanteil wird, wie bereits erwähnt, mit der reduzierten Integration am Elementmittelpunkt berechnet. Dies führt auf

$$\tilde{J}^{1/3} \; = \; (\det \tilde{\mathbf{F}})^{1/3} \quad , \tag{59}$$

worin $\tilde{\mathbf{F}}$ den aus der reduzierten Integration resultierenden Deformationsgradienten bezeichnet.

Der modifizierte Deformationsgradient kann mit Hilfe der Gleichung

$$\bar{F}_{ij} \; = \; \tilde{J}^{1/3}\,J^{-1/3}\,F_{ij} \tag{60}$$

berechnet werden [98].

Der Unterschied zwischen den „diskreten“ Deformationsgradienten $\mathbf{F}$ und $\bar{\mathbf{F}}$ verschwindet beim Übergang auf ein kontinuierliches System.

4.6 Ermittlung eines inkrementellen Dehnungsmaßes

In der Herleitung der linearisierten Form des Prinzips der virtuellen Verschiebungen (Gl. 32) wird der durch das elastisch-plastische Stoffgesetz gegebene Zusammenhang zwischen dem infinitesimalen Spannungsinkrement $d\sigma$ und dem infinitesimalen

Dehnungsinkrement $d\varepsilon$ verwendet. Nun wird der kontinuierlich ablaufende Umformvorgang im Rahmen der zeitlichen Diskretisierung durch eine endliche Anzahl von Zeitschritten Δt beschrieben, und zwar derart, daß bei der im Programmsystem EPDAN realisierten impliziten Formulierung sämtliche kinematischen Größen aus den Konfigurationen zum Zeitpunkt t und $t + \Delta t$ berechnet werden. Zwischenkonfigurationen zum Zeitpunkt $t + \alpha\,\Delta t$ werden durch lineare Interpolation entsprechend der Beziehung

$$ {}^{t+\alpha\Delta t}x_i = (1-\alpha)\,{}^{t}x_i + \alpha\;{}^{t+\Delta t}x_i \quad , \quad i = 1\ldots3 \quad , \tag{61}$$

mit $\alpha \in [0,1]$ ermittelt.

Dies führt dazu, daß die im Stoffgesetz verwendeten infinitesimalen Größen $d\sigma$ und $d\varepsilon$ durch endliche Spannungs- bzw. Dehnungsinkremente angenähert werden.

Von Hughes [89] wird - für den einachsigen Fall - folgende Näherung für das exakte logarithmische Dehnungsinkrement vorgeschlagen:

$$\Delta\varepsilon = \frac{\Lambda - 1}{1 - \alpha\,(\Lambda - 1)} \quad , \tag{62}$$

mit

$$\Lambda = \frac{{}^{t+\alpha\Delta t}l}{{}^{t}l} \quad . \tag{63}$$

Ferner ist

$$\Delta\varepsilon_{exakt} = \ln\Lambda \quad . \tag{64}$$

Für den Sonderfall $\alpha = 1/2$ beschreibt die angegebene Beziehung eine Näherung zweiter Ordnung des logarithmischen Dehnungsinkrements.

Die Verallgemeinerung des Dehnungsinkrementes wird von Hughes angegeben als

$$\Delta\varepsilon_{ij}^{m} \;=\; \frac{1}{2}(\,u_{i,j} + u_{j,i}) \quad , \tag{65}$$

wobei die Gradientenbildung in der Mittenkonfiguration

$$\tilde{x}_i \;=\; x_i + \;\frac{1}{2}\,u_i \tag{66}$$

erfolgt.

Die von Hughes beschriebene Näherung $\Delta\varepsilon^m$ wird häufig als „Mid-Point-Strain-Increment“ bezeichnet. Das Dehnungsinkrement ist objektiv in dem Sinne, daß es für reine Starrkörperbewegungen verschwindet; es zeigt allerdings Abhängigkeiten bei überlagerten Starrkörperrotationen. Von Nagtegaal und Rebelo [92] wird eine alternative Näherung vorgeschlagen, die aus der polaren Zerlegung des Deformationsgradienten

$$F_{ij} = R_{ik}\, U_{kj} \tag{67}$$

folgt, das sog. „Rotation-Neutralized-Strain-Increment“:

$$\Delta\, \varepsilon_{ij}^{RN} \;=\; 2\,(U_{ik} - \delta_{ik})\,(U_{kj} + \delta_{kj})^{-1} \quad . \tag{68}$$

Es gilt:

$$\Delta\, \varepsilon_{ij}^{RN} \;=\; (U_{ik} + \delta_{ik})^{-1}(F_{kl} + \delta_{kl})^{T}\; \Delta\varepsilon_{lm}^{m}\; (F_{mn} + \delta_{mn})\,(U_{nj} + \delta_{nj})^{-1} \quad . \tag{69}$$

Treten keine Rotationen auf, so ist

$$F_{ij} \;=\; F_{ji} \;=\; U_{ij} \tag{70}$$

und damit

$$\Delta\, \varepsilon_{ij}^{RN} \;= \Delta\varepsilon_{ij}^{m} \tag{71}$$

Die Berechnung von $\Delta\ \varepsilon^{RN}$ erfolgt, im Gegensatz zu $\Delta\varepsilon^{m}$, anhand des Zustands zu Beginn des Inkrements als Referenzzustand.

Im allgemeinen dreidimensionalen Fall ist die Berechnung von $\Delta\ \varepsilon^{RN}$ mit einigem Aufwand verbunden, da zunächst die Zerlegung des Deformationsgradienten durchgeführt werden muß. Aus dem Deformationsgradienten **F** wird der rechte Cauchy-Green-Tensor bestimmt

$$C_{ij} = F_{ik}\, F_{kj} = U_{ik}\, U_{kj} \tag{72}$$

C ist symmetrisch und seine Eigenwerte sind die Quadrate der Eigenwerte von **U**. Damit werden **U** und $\Delta\ \varepsilon^{RN}$ in Hauptachsen berechnet und anschließend über die Transformationsmatrix der Eigenvektoren von **C** wiederum in das globale System zurückrotiert. Abschließend wird die Rotation **R** aus der Inversen von **U** bestimmt.

$$R_{ij} = F_{ik}\, U_{kj}^{-1} \tag{73}$$

Das beschriebene „Rotation-Neutralized-Strain-Increment“ $\Delta\ \varepsilon^{RN}$ wird in EPDAN verwendet, um über die Stoffgleichungen ein Spannungsinkrement zu berechnen.

4.7 Integration des Stoffgesetzes

Im Falle eines elastischen Werkstoffverhaltens ist der Spannungszustand direkt als Funktion der Verschiebungen gegeben. Die Lösung des nichtlinearen Problems kann somit als Lösung einer Folge von linearen Problemen erhalten werden. Im Gegensatz hierzu sind die Spannungen bei elastisch-plastischen Vorgängen eine Funktion der Formänderungsgeschwindigkeiten. Aus diesem Grund erfordert die Anwendung eines inkrementellen Lösungsverfahrens die zeitliche Integration der Stoffgleichungen (Gl. 15) und zwar derart, daß die Fließbedingung jeweils am Ende des Zeitschritts erfüllt wird. Nach Hughes [89] kann die Aufgabenstellung hierbei folgendermaßen formuliert werden:
Berechne für einen gegebenen Formänderungspfad, welcher durch eine Folge von Dehnungsinkrementen beschrieben wird, den zugehörigen Spannungspfad – als eine Folge von Spannungszuständen – über eine endliche Anzahl von Zeitschritten. Dabei wird lediglich der zuletzt berechnete Spannungszustand gespeichert. Der „neue" Spannungszustand berechnet sich aus dem „alten" und dem zugehörigen Dehnungsinkrement des aktuellen Zeitschritts. Durch diese Vorgehensweise kann das elastisch-plastische Problem formal wie ein elastisches behandelt werden, wobei das Stoffverhalten durch die elastisch-plastische – anstelle der elastischen – Tangentensteifigkeit beschrieben wird. Grundlegende Annahme hierbei ist, daß die Formänderungsgeschwindigkeit während des betrachteten Zeitschritts konstant ist.

Die näherungsweise Berechnung des Dehnungsinkrements

$$\Delta\varepsilon_{ij} = \int_{t}^{t+\Delta t} D_{ij} dt \tag{74}$$

erfolgt im Rahmen der vorliegenden Untersuchung anhand des in Abs. 4.6 beschriebenen „Rotation-Neutralized-Strain-Increment" $\Delta\ \varepsilon^{RN}$. Die zeitliche Integration des Stoffgesetzes wird mit mit Hilfe des „Radial-Return"-Verfahrens durchgeführt. Die Vorgehensweise zur Bestimmung der elastisch-plastischen Tangentensteifigkeit ist in [88,99,89] ausführlich beschrieben und soll hier nur kurz zusammengefaßt werden (Bild 14):

1. Berechne aus dem Dehnungsinkrement $\Delta\varepsilon$ (hier: $\Delta\ \varepsilon^{RN}$) und der Spannung des vorherigen Zeitschritts die elastische Prädiktorspannung

$$^{t+\Delta t}\sigma_{ij}^{P} = {}^{t}\sigma_{ij} + C_{ijkl}\Delta\varepsilon_{kl} \quad . \tag{75}$$

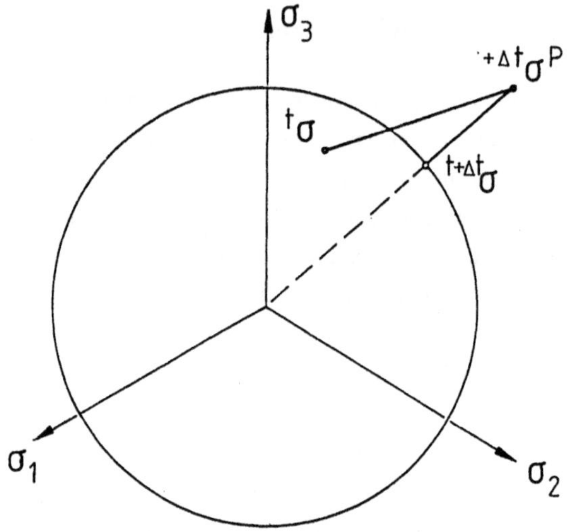

Bild 14: Schematische Darstellung zur Integration des Stoffgesetzes mit Hilfe des Radial-Return-Verfahrens.

2. Bestimme die mittlere (hydrostatische) Spannung

$$ {}^{t+\Delta t}\sigma_m^P = \frac{1}{3}\,[\,{}^{t+\Delta t}\sigma_{ii}^P\,] \quad . \tag{76}$$

Beim Radial-Return erfolgt die Rückkehr auf die Fließfläche in Ebenen $\sigma_m = const.$, d.h.

$$ {}^{t+\Delta t}\sigma_m = {}^{t+\Delta t}\sigma_m^P \tag{77}$$

Zur Vereinfachung der Schreibweise wird das Superscript $t + \Delta t$ im folgenden weggelassen. Alle Größen sind, sofern nicht anders angegeben, auf den Zeitpunkt $t + \Delta t$ bezogen.

3. Berechne die Deviatorspannungen

$$ (\sigma'_{ij})^P = \sigma_{ij}^P - \frac{1}{3}\,\delta_{ij}\,\sigma_{kk}^P \tag{78}$$

4. Ermittle aus den Prädiktorspannungen die Vergleichsspannung

$$ \sigma_V^P = \sqrt{\frac{3}{2}\,[\,(\sigma'_{ij})^P\,(\sigma'_{ij})^P\,]} \quad . \tag{79}$$

5. Vergleiche σ_V^P mit der aktuellen Fließspannung

$$ \sigma_V^P \leq k_f(\,\varepsilon_V) \tag{80}$$

d.h. rein elastisches Verhalten; die vorgeschätzte Spannung ist korrekt und muß nicht korrigiert werden, oder

$$\sigma_V^P > k_f(\,\varepsilon_V) \tag{81}$$

d.h. plastischer Vorgang. Der vorgeschätzte Spannungszustand verletzt die Fließbedingung und muß korrigiert werden. Hierzu wird die Bestimmung des plastischen Multiplikators durchgeführt.

6. Berechne die Normale zur Fließfläche (im Spannungsraum) aus

$$n_{ij} = \frac{(\sigma'_{ij})^P}{\|\,(\sigma'_{ij})^P\,\|} \tag{82}$$

oder

$$n_{ij} = \frac{\sqrt{\frac{3}{2}}\,(\sigma'_{ij})^P}{\sigma_V^P} \quad . \tag{83}$$

7. Bestimme den plastischen Multiplikator $\Delta\lambda$ durch eine lokale Newton-Iteration aus

$$\Delta\lambda^i = \Delta\lambda^{(i-1)} - \frac{F(\Delta\lambda)}{\frac{\partial F}{\partial(\Delta\lambda)}} \quad . \tag{84}$$

wobei i den Iterationsschritt und $F(\Delta\lambda) = F(\Delta\varepsilon)$ das Fließpotential bezeichnen.

Von Simo und Taylor [99] wird die Bedeutung einer konsistenten Linearisierung der o.a. Beziehung im Vergleich zu einer tangentialen Näherung für die Konvergenz des Berechnungsverfahrens bei großen Zeitschritten hervorgehoben.

8. Ermittle die korrigierten Spannungen aus

$$\sigma_{ij} = \frac{1}{1 + \Delta\lambda\; 2G}\,(\sigma'_{ij})^P + \frac{1}{3}\,\delta_{ij}\,\sigma_{kk}^P \quad , \tag{85}$$

worin G den Schubmodul bezeichnet.

Mit Hilfe der damit berechneten Deviatorspannungen können aus dem Fließgesetz die plastischen Dehnungsinkremente und das Vergleichsformänderungsinkrement bestimmt werden zu

$$\Delta\varepsilon_{ij}^{pl} = \Delta\lambda\,\sigma'_{ij} \tag{86}$$

und

$$\Delta\varepsilon_V = \sqrt{\frac{2}{3}\,\Delta\varepsilon_{ij}^{pl}\Delta\varepsilon_{ij}^{pl}} \quad . \tag{87}$$

Die Jaumannsche Spannungsgeschwindigkeit $\overset{\star}{\sigma}_{ij}$ kann dann mit Gl. (20) direkt aus den Stoffgleichungen berechnet werden.

4.8 Inkrementelle Objektivität des Spannungstensors

Die Forderung nach der Objektivität des Stoffgesetzes (s. Abs. 4.3) führte auf die Verwendung der Jaumannschen Spannungsgeschwindigkeit (*co-rotational stress rate*) in Gl. (15). In Zusammenhang mit der zeitlichen Diskretisierung des Vorgangs werden die Tensoren der Formänderungsgeschwindigkeit **D** und der Drehgeschwindigkeit **W** durch endliche Größen ersetzt:

$$D_{ij}\Delta t \;\rightarrow\; \Delta\varepsilon_{ij}$$

$$W_{ij}\Delta t \;\rightarrow\; \Delta\omega_{ij}$$

Nun beschreibt aber die Gleichung

$$\overset{\star}{\sigma}_{ij} = \frac{\Delta\sigma_{ij}}{\Delta t} - \frac{\Delta\omega_{ik}}{\Delta t}\sigma_{kj} - \frac{\Delta\omega_{ki}}{\Delta t}\sigma_{kj} \tag{88}$$

nur für verschwindend kleine Zeitschritte eine objektive Spannungsgeschwindigkeit. Dies bedeutet, daß Gl. (88) im Rahmen einer inkrementellen Formulierung nur bedingt verwendet werden kann, da sie zu einem vom Zeitinkrement abhängigen Fehler führt, der im Verlauf der inkrementellen Rechnung auf ein unzulässiges Maß anwachsen kann, wenn innerhalb der Inkremente große Starrkörperrotationen auftreten.

Von Hughes und Winget [97] wurde deshalb der Begriff der *inkrementellen Objektivität* eingeführt. Danach ist ein Algorithmus genau dann inkrementell objektiv, wenn für alle eigentlich orthogonalen Transformationsmatrizen $\boldsymbol{\psi}$ aus

$$^{2}\boldsymbol{x} = \boldsymbol{\psi}\,^{1}\boldsymbol{x} \tag{89}$$

folgt, daß

$$^{2}\boldsymbol{\sigma} = \boldsymbol{\psi}\,^{1}\boldsymbol{\sigma}\,\boldsymbol{\psi}^{T} \tag{90}$$

ist.

In den Gln. (89,90) wurde die Matrixschreibweise verwendet. Aus Gründen der Übersichtlichkeit wird diese Darstellung im gesamten Abschnitt beibehalten.

Zur Integration von Gl. (16)

$$\overset{\star}{\boldsymbol{\sigma}} = \dot{\boldsymbol{\sigma}} + \boldsymbol{W}^{T}\boldsymbol{\sigma} + \boldsymbol{\sigma}\,\boldsymbol{W} = \boldsymbol{C}^{ep} : \boldsymbol{D} \tag{91}$$

in inkrementeller Form wird von Nagtegaal und Veldpaus [95] die Einführung von sog. „drehungsbereinigten" (rotation neutralized) Größen vorgeschlagen.

Der Transformationstensor $\boldsymbol{\psi}$ beschreibt dann die Rotation eines materiellen Punktes und ist auf die Konfiguration zu Beginn des Inkrements bezogen.

Dann folgt aus (89) durch Differentiation nach der Zeit

$$^2\dot{\boldsymbol{x}} = \dot{\boldsymbol{\psi}}\,^1\boldsymbol{x} \quad . \tag{92}$$

Außerdem ist

$$^2\dot{\boldsymbol{x}} = \boldsymbol{W}\,^2\boldsymbol{x} \quad , \tag{93}$$

so daß für die zeitliche Ableitung von $\boldsymbol{\psi}$ die Beziehung

$$\dot{\boldsymbol{\psi}} = \boldsymbol{W}\,\boldsymbol{\psi} \tag{94}$$

angegeben werden kann.

Die Einführung drehungsbereinigter Größen liefert

$$\begin{aligned} \bar{\boldsymbol{F}} &= \boldsymbol{\psi}^T\,\boldsymbol{F} \quad , \\ \bar{\boldsymbol{W}} &= \boldsymbol{\psi}^T\,\boldsymbol{W}\,\boldsymbol{\psi} \quad , \\ \bar{\boldsymbol{D}} &= \boldsymbol{\psi}^T\,\boldsymbol{D}\,\boldsymbol{\psi} \quad , \\ \bar{\boldsymbol{\sigma}} &= \boldsymbol{\psi}^T\boldsymbol{\sigma}\,\boldsymbol{\psi} \qquad \text{und} \\ \bar{\boldsymbol{C}}^{ep}(\boldsymbol{\sigma}) &= \boldsymbol{C}^{ep}(\,\bar{\boldsymbol{\sigma}}) \quad . \end{aligned} \tag{95}$$

Die zeitliche Ableitung von (95) führt auf

$$\dot{\bar{\boldsymbol{\sigma}}} = \boldsymbol{\psi}^T\,(\,\dot{\boldsymbol{\sigma}} + \boldsymbol{W}^T\boldsymbol{\sigma} + \boldsymbol{\sigma}\,\boldsymbol{W})\,\boldsymbol{\psi} \tag{96}$$

$$\dot{\bar{\boldsymbol{\sigma}}} = \boldsymbol{\psi}^T\,\overset{\star}{\boldsymbol{\sigma}}\,\boldsymbol{\psi} \quad . \tag{97}$$

Damit kann das Stoffgesetz ebenfalls in drehungsbereinigten Größen formuliert werden:

$$\dot{\bar{\boldsymbol{\sigma}}} = \bar{\boldsymbol{C}}^{ep} : \bar{\boldsymbol{D}} \quad , \tag{98}$$

mit der Anfangsbedingung

$$\bar{\boldsymbol{\sigma}}(^1t) = {}^1\boldsymbol{\sigma} \quad . \tag{99}$$

Die Integration von (98) mit der Anfangsbedingung (99) führt auf

$$^2\bar{\boldsymbol{\sigma}} = \bar{\boldsymbol{\sigma}}(^2t) = \bar{\boldsymbol{\sigma}}(^1t + \Delta t) = {}^1\boldsymbol{\sigma} + \Delta\,\bar{\boldsymbol{\sigma}} \tag{100}$$

mit

$$\Delta\,\bar{\boldsymbol{\sigma}} = \int_t^{t+\Delta t} \bar{\boldsymbol{C}}^{ep} : \bar{\boldsymbol{D}}dt \tag{101}$$

Mit der Annahme einer konstanten Dehnungsgeschwindigkeit im Inkrement kann für $\bar{D}\Delta t$ das in Abs. 4.6 beschriebene Dehnungsinkrement $\Delta\ \varepsilon^{RN}$ gesetzt werden:

$$\Delta\ \bar{\sigma} \ = \ \bar{C}^{ep} : \Delta\ \varepsilon^{RN} \tag{102}$$

Die Cauchy-Spannung am Ende des Inkrements lautet dann

$$^2\sigma \ = \ \psi\,^2\,\bar{\sigma}\ \psi^T \tag{103}$$

$$^2\sigma \ = \ \psi\ (^1\sigma + \Delta\ \bar{\sigma})\ \psi^T \ = \ \psi\ (^1\sigma + \ \bar{C}^{ep} \ : \Delta\ \varepsilon^{RN}\ )\ \psi^T \quad . \tag{104}$$

Von Nagtegaal und Veldpaus [95] wird als Näherung für die Transformationsmatrix ψ der aus der polaren Zerlegung des Deformationsgradienten **F** hergeleitete Drehtensor **R** vorgeschlagen

$$\psi \ = \ \mathbf{R} \ = \ \boldsymbol{F}\mathbf{U}^{-1} \quad . \tag{105}$$

Diese Näherung wird im Rahmen der vorgestellten Formulierung ebenfalls verwendet.

4.9 Behandlung zeitlich veränderlicher Randbedingungen

Die Erfassung der variablen Kontaktbedingungen zwischen Werkstück und Werkzeug ist bei allen Vorgängen der Umformtechnik und insbesondere in der Blechumformung von grundlegender Bedeutung. Die Problemstellung umfaßt dabei die Teilbereiche Anlegen und Ablösen von einzelnen oder mehreren Knotenpunkten einer Kontaktzone sowie Haften und Gleiten längs der Berührflächen. Für die Berechnung von Vorgängen der Blechumformung, bei denen die Absolutbeträge der Spannungen verhältnismäßig klein sind, erscheint die Annahme starrer Werkzeuge zweckmäßig.

Aufbauend auf diesen Annahmen wurde für die Berechnung des Kontakts die im folgenden vorgestellte Vorgehensweise gewählt:

- Die Beschreibung der Werkzeuggeometrie erfolgt mit Hilfe einfacher Geometrieelemente. Im Fall von ebenen/axialsymmetrischen Problemstellungen sind dies Polygonzüge, während bei dreidimensionalen Vorgängen die Werkzeugoberfläche mit Dreieckselementen dargestellt wird (Bild 15). Aus den Knotenkoordinaten der einzelnen Segmente können direkt die Normal- und Tangentialebenen bestimmt werden. Dabei ist die Segmentnormale so definiert, daß der Normalenvektor aus dem Werkzeug herauszeigt.

- Das Werkstück wird vom Benutzer in einzelne Kontaktbereiche eingeteilt, die durch (potentielle) Kontaktknoten (auf der Werkstückoberfläche) beschrieben und dem Programmsystem mit der Dateneingabe zur Verfügung gestellt werden. Jeder Kontaktzone ist genau ein Werkzeugteil (z. B. Stempel, Niederhalter usw.) zugeordnet, wobei ein Oberflächenknoten mehreren Kontaktbereichen angehören kann.
- Zur Beschreibung der Werkzeugbewegung können für jedes Werkzeugteil beliebige (bereichsweise lineare) Weg-Zeit-Funktionen definiert werden.
- Die Einhaltung der Kontaktbedingung wird mit Hilfe der Straffunktionsmethode (penalty method) erzwungen.

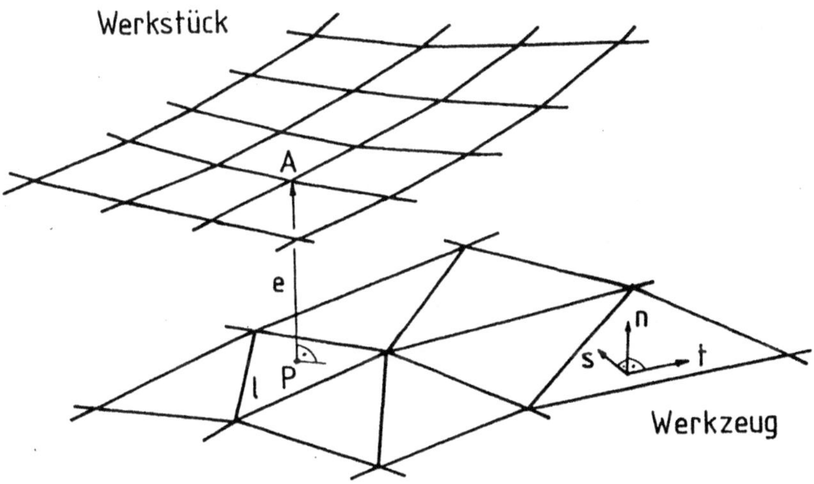

Bild 15: Beschreibung von Kontaktbereichen an Werkstück und Werkzeug bei dreidimensionalen Vorgängen.

Die Vorgehensweise im Kontaktalgorithmus läßt sich folgendermaßen zusammenfassen (Bild 15):

- Berechne die Position der bewegten Werkzeuge zu Beginn jedes Inkrementes.
- Bestimme das zu den jeweiligen Kontaktknoten nächstgelegene Werkzeugsegment (hier: Segment l),

- Ermittle, ob der Werkstückknoten die Werkzeugoberfläche durchdrungen hat.

- Liegt eine Durchdringung vor, so wird dem Knoten eine der Größe der Durchdringung proportionale Kontaktkraft aufgeprägt und die globale Steifigkeitsmatrix modifiziert. Dabei wird die Überprüfung der Durchdringung nur einseitig vorgenommen, d. h. für den in Bild 16 dargestellten Vorgang gilt:

  Der Werkstückknoten E erfüllt die Kontaktbedingung, während die Durchdringung des Werkzeugknotens B , der innerhalb des Werkstücks liegt, nicht berücksichtigt wird. Die Durchdringung e ist durch den Abstand des Knotens E zu dem von $\overline{BC}$ berandeten Segment gegeben. Bei der beschriebenen Vorgehensweise ist ein Eindringen von Werkzeugknoten in das Werkzeug zugelassen (Überspannen von Ecken am Werkzeug). Durch eine hinreichend feine Diskretisierung im Kontaktbereich kann der damit verursachte Fehler begrenzt werden (– Probleme können bei sehr kleinen Radien auftreten).

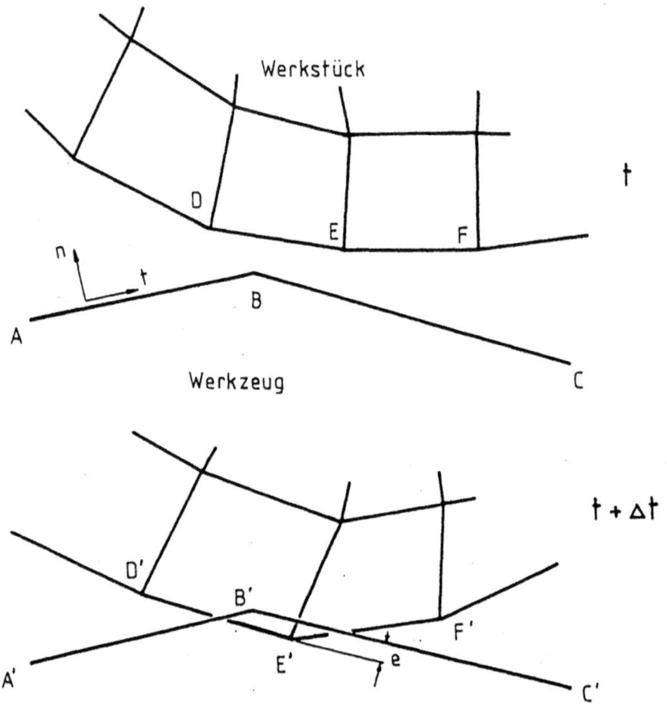

Bild 16: Ermittlung des Kontaktschlusses beim Penalty-Verfahren.

Die Überprüfung des Kontaktschlusses erfolgt innerhalb jeder Gleichgewichtsiteration. Das Lösen von in Kontakt befindlichen Knoten erfolgt, sobald keine Durchdringung mehr vorliegt. Der Straffunktionsfaktor κ wird für jeden Kontaktknoten getrennt ermittelt und zwar derart, daß eine Skalierung der Kontaktkraft über die Diagonalglieder der Steifigkeitsmatrix erfolgt.

Das zu lösende Gleichungssystem hat dabei folgende Form:

$$\begin{pmatrix} \cdots & \cdots & \cdots & \cdots \\ \cdots & K_{tt} & \cdots & \cdots \\ \cdots & \cdots & K_{nn} & \cdots \\ \cdots & \cdots & \cdots & \cdots \end{pmatrix} \begin{pmatrix} \cdots \\ \Delta u_t \\ \Delta u_n \\ \cdots \end{pmatrix} = \begin{pmatrix} \cdots \\ \Delta F_t \\ \Delta F_n \\ \cdots \end{pmatrix}$$

wobei t und n die lokalen Freiheitsgrade eines Kontaktknotens i in normaler und tangentialer Richtung, gegeben durch das nächstgelegene Werkzeugsegment, bezeichnen (im zweidimensionalen Fall). Der Steifigkeitsterm K_{nn} ist der aus der globalen Steifigkeitsmatrix ermittelte Anteil, der die Normalenrichtung im lokalen t, n-System repräsentiert. Dieser Term wird durch

$$\bar{K}_{nn} = (1 + \kappa)\, K_{nn} \tag{106}$$

ersetzt. Entsprechend wird der Komponente ΔF_n des inkrementellen Kraftvektors ein dem Betrag der Durchdringung e proportionaler Term hinzugefügt, d. h.

$$\Delta \bar{F}_n = \Delta F_n - \bar{\kappa}\, e_n \tag{107}$$

Der Straffaktor wird aus

$$\bar{\kappa} = \kappa\, K_{nn}. \tag{108}$$

bestimmt. Die Kontaktkraft ist nur wirksam, wenn eine (geringfügige) Durchdringung vorliegt. Die Höhe der Kraft, die einen in das Werkzeug eingedrungenen Werkstückknoten auf den Rand des Werkzeugs zurückdrückt, wird direkt durch die Wahl des Faktors κ beeinflußt. Je größer κ gewählt wird, desto geringer ist die Verletzung der Kontaktbedingung (nach Abschluß der Gleichgewichtsiteration).

Es ist offensichtlich, daß mit den beschriebenen Maßnahmen eine u. U. starke Änderung des numerischen Verhaltens des Gesamtsystems verbunden ist und zwar umso mehr, je größer der Straffaktor gewählt wird. Der Faktor κ ist im wesentlichen problemabhängig und wurde jeweils anhand der auftretenden Durchdringungen und des Konvergenzverhaltens angepaßt. Bei sinnvoller Wahl von κ sind die Verletzungen der Kontaktbedingung insgesamt gering.

5 Rechentechnische Realisierung

5.1 Das Programmsystem EPDAN

Die im folgenden angegebene Programmbeschreibung bezieht sich ausschließlich auf die im Rahmen der vorliegenden Untersuchung verwendeten Programmteile und Algorithmen und gibt damit nur einen teilweisen Überblick über das gesamte Programmsystem und dessen Entwicklungsstand. Die in Kap. 4 beschriebene Formulierung bildet die Grundlage für das implizite Finite-Element-Programm EPDAN (Elastisch-Plastische DeformationsANalyse, s. auch Tekkaya [1]). EPDAN ist vollständig entsprechend dem FORTRAN 77 - Standard programmiert und somit auf verschiedenen Rechenanlagen lauffähig. Gegenwärtig existieren lauffähige Versionen für Cray- und IBM-Rechenanlagen.

Das gesamte Programm ist in mehrere Blöcke aufgeteilt:

1. Datenverwaltung und Initialisierung,
2. Dateneingabe,
3. Datenausgabe,
4. Restart,
5. Aufbau der Gesamtsteifigkeit, Lösen des entstehenden Gleichungssystems,
6. Aufbau der Elementsteifigkeit,
7. Kontaktalgorithmus,
8. Inkrementierung (z. B. Werkzeugbewegung),
9. Hilfsprogramme für Matrix- und Vektoroperationen [102,103,104].

Die Dateneingabe erfolgt formatfrei in logischen Blöcken, (z. B. Knotenpunktskoordinaten, Topologie, Randbedingungen usw.), die anhand von definierten „Header"-Karten vom Programm selbständig erkannt werden.

Die Datenausgabe kann sowohl über die Liste als auch über den Plot-Datensatz erfolgen.

Bei Verwendung der RESTART-Option wird ein Restart-Datensatz an den vom Benutzer angegebenen Zeitpunkten erstellt, so daß eine Fortsetzung der Rechnung von diesen Zeitpunkten ab möglich ist. Dies ist bei den rechenzeitintensiven nichtlinearen Problemstellungen sehr hilfreich, insbesondere bei Auftreten von Konvergenzproblemen o. ä. während eines Rechenlaufes.

Zur Lösung des Gesamtsystems werden die in der FORTRAN-Bibliothek LINPACK [102] enthaltenen Routinen für symmetrische positiv-definite Bandmatrizen (SPBFA und SPBSL) eingesetzt. Prinzipiell ist in EPDAN auch die Verarbeitung unsymmetrischer Bandmatrizen möglich (- dies kann z. B. bei Berücksichtigung der Reibung erforderlich sein). Im Rahmen der vorliegenden Untersuchung wurde hiervon allerdings kein Gebrauch gemacht.

Die Inkrementierung des Vorgangs erfolgt verschiebungsgesteuert über die in Form von (bereichsweise linearen) Weg-Zeit-Funktionen eingelesenen Werkzeugbewegungen und das vom Benutzer festgelegte Zeitinkrement. Die Wahl eines geeigneten Zeitinkrements obliegt ausschließlich dem Programmanwender und wird nicht vom Programm übernommen. Da das Konvergenzverhalten des Lösungsverfahrens sehr stark vom Vorgang selbst abhängt (Kontakt, Reibungseinfluß usw.) und auch während eines Vorgangs oftmals sehr unterschiedlich ist, muß eine geeignete Schrittfolge ggf. durch Probieren oder durch Modifikation des Zeitinkrements während des Vorgangs (z.B. mit Hilfe eines Restart-Laufes) gefunden werden.

Die Programm zur Berechnung der Elementsteifigkeit enthalten sowohl die geometrischen als auch die materiellen Informationen, d. h. Elementeigenschaft und Stoffgesetz sind nicht als getrennte Bausteine vorhanden, wobei das Herauslösen der Stoffgesetzroutinen zwar prinzipiell möglich wäre, aber aufgrund des Einsatzes von EPDAN als Spezialprogramm bislang nicht für notwendig erachtet wurde.

Da die Simulation von Umformvorgängen meist mit einem sehr hohen Rechenaufwand verbunden ist, wurde bei der Implementierung der Elementroutinen besonderes Augenmerk auf die Einsatz von EPDAN auf sog. Vektorrechnern wie der am Rechenzentrum der Universität Stuttgart installierten CRAY 2 gelegt. Die einzelnen Maßnahmen, die hierzu durchgeführt wurden, sind in [72] ausführlich beschrieben. Es wird lediglich darauf hingewiesen, daß diese Maßnahmen weder die Portierbarkeit von EPDAN auf andere Rechenanlagen noch die Ausführungsgeschwindigkeit auf Skalarrechnern beeinträchtigen.

5.2 Lösung des nichtlinearen Gleichungssystems

Bei der Prozeßsimulation von Umformvorgängen ist aufgrund der bereits erwähnten Nichtlinearitäten (Kinematik, Stoffgesetz und Randbedingungen) eine schrittweise Vorgehensweise zur Berechnung erforderlich. Dabei wird, ausgehend von einem bekannten Gleichgewichtszustand (Zeitpunkt t), der nach Aufbringen eines Last-/Verschiebungsinkrements resultierende - unbekannte - Gleichgewichtszustand zum Zeitpunkt $t + \Delta t$ iterativ ermittelt.

Das Prinzip der virtuellen Verschiebungen führt mit der in Abs. 4.2 beschriebenen Linearisierung und nach Diskretisierung mit Finiten Elementen auf ein Gleichungssystem der Form [84]

$$[\,{}^{t+\Delta t}K_G^{i-1}\,]\{\Delta u^i\} = \{\,{}^{t+\Delta t}R\} - \{\,{}^{t+\Delta t}F^{i-1}\} \quad , \tag{109}$$

mit

$[\,{}^{t+\Delta t}K_G^{i-1}\,]$	Gesamtsteifigkeitsmatrix im i-ten Iterationsschritt,
$\{\Delta u^i\}$	Vektor der Verschiebungsinkremente,
$\{\,{}^{t+\Delta t}R\}$	Vektor der äußeren Kräfte im Zustand 2 und
$\{\,{}^{t+\Delta t}F^{i-1}\}$	Vektor der Reaktionskräfte.

Zur numerischen Lösung des o. a. Gleichungssystems sind zahlreiche Verfahren bekannt [87]. Im Rahmen der vorliegenden Untersuchung wurde ein vollständiges Newton-Raphson-Verfahren zur Ermittlung des Gleichgewichtszustandes zum Zeitpunkt $t + \Delta t$ eingesetzt (Bild 17). Dabei wird die Gesamtsteifigkeitsmatrix innerhalb jedes Iterationsschrittes neu berechnet und invertiert und zwar so lange, bis ein vom Benutzer angegebenes Konvergenzkriterium erreicht ist.

Die aktuelle Näherung für das Verschiebungsinkrement berechnet sich nach

$${}^{t+\Delta t}u^i = {}^{t+\Delta t}u^{i-1} + \Delta u^i \tag{110}$$

aus der Näherung des letzten Iterationsschritts und der aktuellen Verbesserung.

Als Konvergenzkriterien werden

- die Verschiebungsnorm

$$\Pi_V = \frac{\|\Delta u^i\|}{\|u^i\|} \quad , \tag{111}$$

- die Norm der Residualkräfte

$$\Pi_R = \frac{\| {}^{t+\Delta t}R - {}^{t+\Delta t}F^i \|}{\| {}^{t+\Delta t}R - {}^{t}F \|} \tag{112}$$

R – Knotenkräfte aus den äußeren Lasten und Lagerreaktionen

F – Reaktionskräfte (innere Kräfte)

- die Energienorm

$$\Pi_E = \frac{\| \Delta u^{i-1}({}^{t+\Delta t}R - {}^{t+\Delta t}F^i) \|}{\| {}^{t+\Delta t}u^1 ({}^{t+\Delta t}R - {}^{t}F) \|} \tag{113}$$

herangezogen.

Es wird angenommen, daß der Gleichgewichtszustand erreicht ist, wenn die Bedingungen

$$\Pi_V \leq 10^{-4} ,$$
$$\Pi_R \leq 10^{-4} ,$$
$$\Pi_E \leq 10^{-8}$$

erfüllt sind.

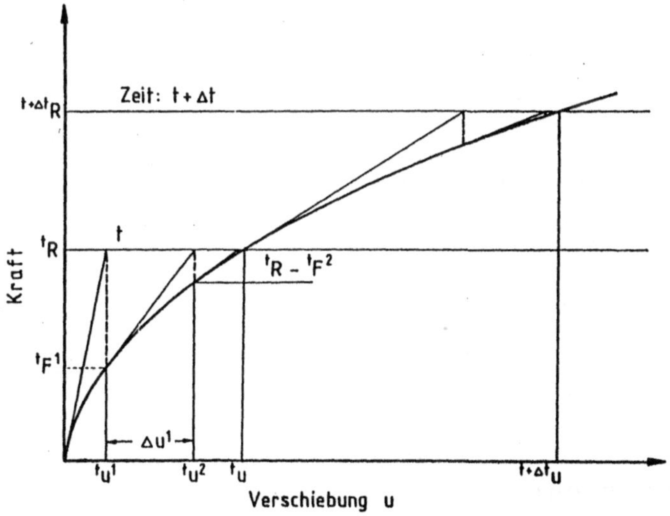

Bild 17: Newton-Raphson-Verfahren (eindimensionales Modell).

```
START

1    Initialisieren

     - Datenverwaltung
     - Dateneingabe
          . Geometrie (Werkstück und Werkzeug)
          . Topologie
          . Randbedingungen
          . Kontaktbereiche
          . Werkstoffdaten (Fließkurve)
          . Steuerparameter
     - Kontrollausdruck der eingelesenen Daten

BEGINN DER INKREMENTELLEN RECHNUNG

2    Setzen des Inkrements
          . Zeitinkrement
          . Verschiebungsinkrement
          . Werkzeugbewegung

  BEGINN DER NEWTON-RAPHSON-ITERATION

  3    Nullsetzen  :  innere,äußere Kräfte
                      Gesamtsteifigkeit, rechte Seite

  4    Berechnen der Residualkräfte

  5    Berechnen der Elementsteifigkeiten, Aufbau der
       Gesamtsteifigkeit
            . hydrostatischer Steifigkeitsanteil
            . deviatorischer Anteil, elast.-plast. Stoffmatrix

  6    Kontaktüberprüfung -- Ermittlung der Durchdringung

  7    Einarbeiten der vorgegebenen Randbedingungen
       Berechnen der Kontaktkräfte u. Modifikation
       der rechten Seite
       Einarbeiten der Penalty-Terme für
       variable Randbedingungen
       Zerlegung der Gesamtsteifigkeit
       Lösen des Gleichungssystems (Cholesky-Verfahren)

  8    Berechnen der neuen Verschiebungen

  KONVERGENZABFRAGE

  8    Berechnen der neuen Formänderungs-/
                           Spannungsinkremente
       Update - Cauchy-Spannungen
              - Werkstückgeometrie
              - Vorgangszeit

  9     Datenausgabe
            . Listing
            . Plotfile beschriften
            . Restartfile beschriften

VORGANGSENDE
```

Bild 18: Flußdiagramm für das Programm EPDAN.

Zur weiteren Stabilisierung des Konvergenzverhaltens wird während der Gleichgewichtsiteration ein sog. „Line-Search“ (s. a. [100]) durchgeführt. Dabei wird der Verschiebungsvektor nach folgender Beziehung berechnet

$$^{t+\Delta t}u^{i} = {}^{t+\Delta t}u^{i-1} + \beta \Delta u^{i} \tag{114}$$

und der skalare Faktor β solange variiert, bis

$$\frac{\Delta u^{i}(\,^{t+\Delta t}R - \,^{t+\Delta t}F^{i})}{^{t+\Delta t}u^{i}(\,^{t+\Delta t}R - \,^{t+\Delta t}F^{i-1})} \leq \gamma_{s} \tag{115}$$

ist (mit $\gamma_s = 0,3$).

Das Flußdiagramm für das Programm EPDAN bei Verwendung der vollständigen Newton-Raphson-Iteration ist in Bild 18.

dargestellt. Wurde innerhalb der Gleichgewichtsfindung nach 10 ...15 Iterationen (problemabhängig) keine Konvergenz erreicht, so wurde die Rechnung mit einer entsprechenden Warnung fortgesetzt und ggf. in einem weiteren Rechenlauf das Zeitinkrement so lange verkleinert, bis innerhalb der vorgegebenen maximalen Iterationsanzahl Konvergenz erzielt werden konnte.

6 Numerische Untersuchungen

In diesem Kapitel werden Beispielrechnungen, die mit Hilfe des in den Kap. 4 und 5 beschriebenen Finite-Element-Programms EPDAN durchgeführt wurden, beschrieben.

6.1 Flachstauchen

Der Flachstauchversuch wird zur Aufnahme von Fließkurven bei ebenem Formänderungszustand herangezogen. Dabei muß zur näherungsweisen Realisierung der ebenen Formänderung das Verhältnis von Probenbreite/-höhe $b/h > 6$ sein. Je geringer die Probenbreite b und je kleiner die Reibzahl an den Stauchbahnen, desto größer ist die Abweichung von der ebenen Formänderung. Zur Veranschaulichung dieses Sachverhaltes wurde das Flachstauchen einer Probe aus Stahlblech der Güte St 12 numerisch simuliert. Die Geometrie der Probe und des Stauchstempels sind in Bild 19 angegeben. Unter Ausnutzung der Symmetrieeigenschaften wurde ein Viertel der Stauchprobe mit 175 (7 x 25 x 1) Hexaederelementen idealisiert. Durch Unterdrückung der translatorischen Freiheitsgrade aller Knotenpunkte in Breitenrichtung (z-Richtung) wurde ein ebener Bewegungszustand erzwungen.

Im Falle des reibungsfreien Stauchvorganges kann für einen ideal-plastischen Werkstoff mit Hilfe der Gleitlinientheorie eine geschlossene Lösung für den Spannungs- und Bewegungszustand gefunden werden. Die Gleitlinienfelder zeigen, daß sich auch im Falle der Reibungsfreiheit und eines scharfkantigen Stempels kein homogener Formänderungszustand einstellt. Die Form der Gleitlinienfelder ist vom Verhältnis der wirksamen Stempelbreite zur Probendicke, dem sog. Bißverhältnis, abhängig. Bei scharfkantigen Stauchstempeln ist die wirksame Stempelbreite gleich der Stempelbreite und während des gesamten Vorganges konstant, wohingegen sich die wirksame Stempelbreite bei einem abgerundeten Stempel verändert. Damit ist eine der Grundvoraussetzungen für den Versuch, die Konstanz der gedrückten Fläche nur näherungsweise erfüllt. Diese Veränderung der gedrückten Fläche kann ggf. mit Hilfe der Prozeßsimulation berechnet werden.

Die in Bild 19 dargestellte Stauchprobe wurde unter der Annahme der Reibungsfreiheit auf die Hälfte der ursprünglichen Höhe gestaucht. Bild 20 zeigt die Geometrie der Probe und das verzerrte FE-Netz bei 25 und 50% Höhenabnahme ($\varepsilon_h = (h - h_0)/h_0$). Bei $\varepsilon_h = -25\%$ liegt unter dem Stempel (Bereich A) noch eine weit-

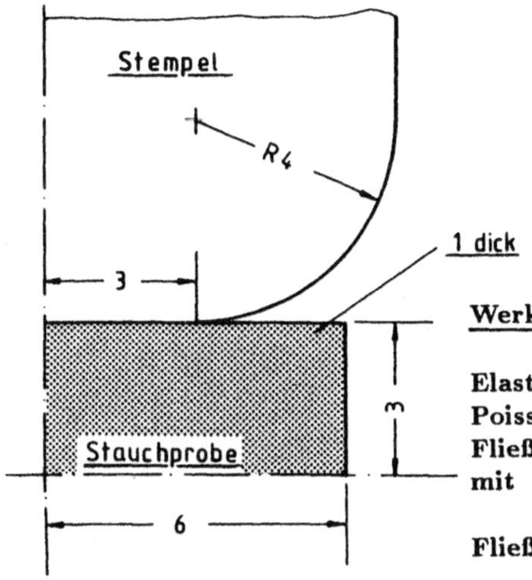

Werkstoff: St 12

Elastizitätsmodul	E	=	$210\,000\ N/mm^2$
Poisson-Zahl	ν	=	$0,3$
Fließkurve	k_f	=	$C \cdot \varepsilon_V^n$
mit	C	=	$600\ N/mm^2$
	n	=	$0,17$
Fließspannung	k_{f_o}	=	$260\ N/mm^2$

Bild 19: Flachstauchen: Geometrie von Werkstück und Werkzeug.

gehend homogene Verformung der Elemente vor. Bei $\varepsilon_h = -50\%$ sind die Elementverzerrungen auch unter der Stempelfläche sehr inhomogen. Die Darstellung der Linien $\varepsilon_V = const.$ (Bild 21) zeigt, daß dabei Vergleichsformänderungen ε_V größer 0,9 auftreten und zwar nicht in der Mitte der Probe, sondern in einer Zone, die in Richtung der positiven x-Achse verschoben ist. Dies rührt daher, daß bei dem großen Bißverhältnis ($b_{St}/h \geq 1$) und der starken Höhenabnahme, eine deutliche Verdrängung des Werkstoffes in x-Richtung erfolgt und dadurch der zunächst unter dem Stempel gelegene, nur schwach umgeformte Werkstoff in die Probenmitte gelangt. Insgesamt ist die Formänderungsverteilung, bedingt durch die Verhinderung der Werkstoffbewegung in Breitenrichtung (z-Richtung) und das damit erzwungene Abfließen in x-Richtung sehr inhomogen.

Zum Vergleich hierzu wurde der Stauchvorgang unter der Annahme eines dreidimensionalen Bewegungszustandes simuliert. Die in Bild 22 angegebene Fläche, die zur xy-Ebene parallel verläuft, wurde dabei zusätzlich zu den in Bild 20 angegebenen Ebenen als Symmetrieebene angenommen, so daß die dargestellte Idealisierung einem Achtel der gesamten Probe entspricht. Die Unterdrückung der Verschiebungsfreiheitsgrade in z-Richtung in der Fläche C wurde aufgehoben. Dadurch kommt es im Verlauf der Umformung zu einer starken Breitenzunahme der Probe, die unmittelbar unter der Stempelrundung besonders ausgeprägt ist (Bild 23). Gleichzeitig

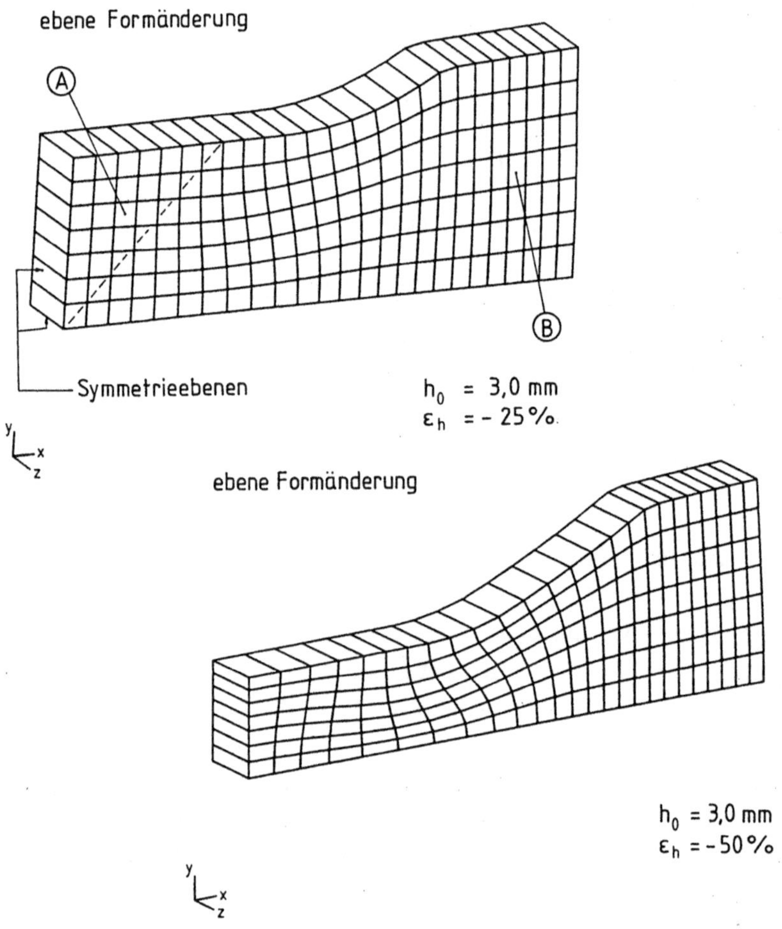

Bild 20: Flachstauchen: Verformte Geometrie bei 25% bzw. 50% Höhenabnahme (ebene Formänderung).

resultiert hieraus eine geringere Verdrängung des Werkstoffs in Richtung der x-Achse als im Fall der ebenen Formänderung.

Die Breitung (Stofffluß in z-Richtung) der Probe ist beim Flachstauchen im wesentlichen von zwei Faktoren abhängig:

- der Stützwirkung der nicht unmittelbar an der Umformung beteiligten – elastischen – Randbereiche (Bild 22, B),

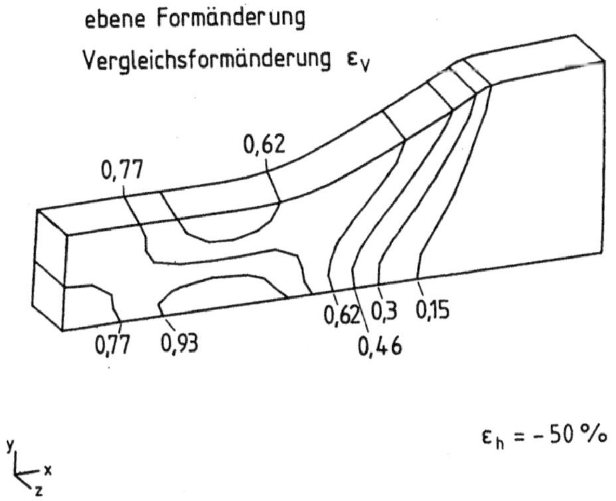

Bild 21: Flachstauchen: Verteilung der Vergleichsformänderung ε_V bei 50% Höhenabnahme (ebene Formänderung).

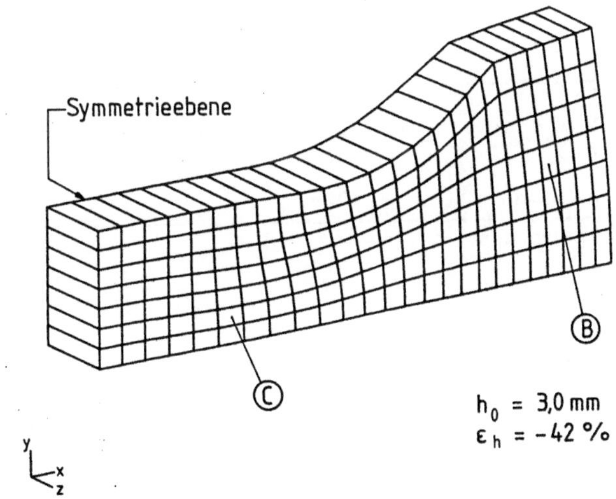

Bild 22: Flachstauchen (3D): Verformte Geometrie der Probe bei 42% Höhenabnahme.

- der Behinderung des Stoffflusses in Breitenrichtung infolge der Reibung an den Stauchbahnen. Diese Behinderung ist direkt von der Probengeometrie (insbesondere der Breite) abhängig.

Im vorliegenden Modell wurde Reibungsfreiheit angenommen. Insofern besitzt die Breite der Stauchprobe keinen direkten Einfluß auf diesen Faktor. Die angenommene Probenbreite von 1 mm ist für einen realen Flachstauchversuch zu gering. Die Berechnung gibt deshalb nur den Stofffluß im unmittelbaren Randbereich einer Flachstauchprobe wieder. Dort tritt stets eine ähnlich starke Breitenzunahme auf, wie dies in der Rechnung beobachtet werden kann. Unter der Stempelrundung treten sehr große Vergleichsformänderungen auf (Bild 24), während unter dem Stempel

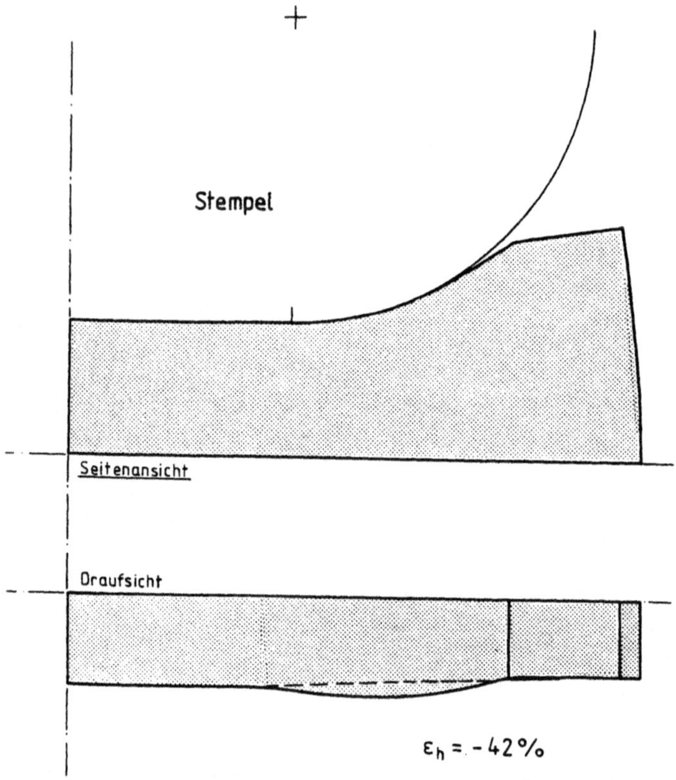

Bild 23: Flachstauchen (3D): Außenkontur der Probe bei 42% Höhenabnahme.

selbst eine homogenere Verteilung festgestellt werden kann als im Falle des ebenen Formänderungszustandes.

Allerdings sollte bei der Beurteilung der Berechnungsergebnisse berücksichtigt werden, daß die Idealisierung der Stauchprobe mit nur einem Element in Breitenrichtung bei der dreidimensionalen Formänderung nur eine sehr grobe Näherung für den wahren Vorgang liefern kann. Die Berechnung mit diesem Modell wurde im wesentlichen durchgeführt, um in einem direkten Vergleich die Hauptunterschiede der beiden Vorgänge aufzuzeigen. Die starke Verzerrung der Elemente unter dem Stempelradius führte im Fall der dreidimensionalen Formänderung zu einem vorzeitigen Abbruch der Rechnung (bei dem gewählten Inkrement für die Stempelbewegung), so daß die Simulation nicht bis zu einer Stauchung von 50% durchgeführt werden konnte.

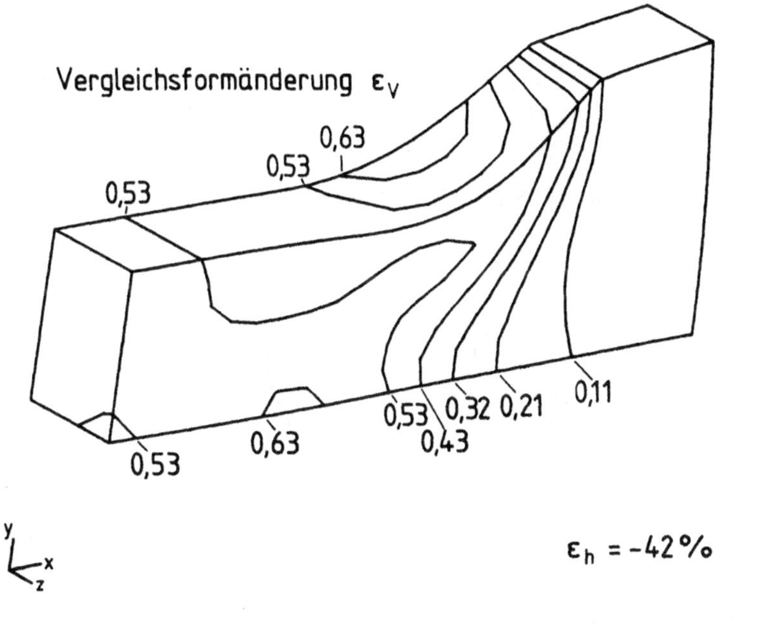

Bild 24: Flachstauchen (3D): Verteilung der Vergleichsformänderung ε_V bei 42% Höhenabnahme.

6.2 Verdrehen eines Blechstreifens

Das Verdrehen (Schränken) gehört nach DIN 8582 zu den Verfahren des Schubumformens. Die Bedeutung des Verfahrens in der industriellen Praxis ist gering; dennoch wurde das Verdrehen eines Blechstreifens als Testbeispiel ausgesucht, um zu demonstrieren, daß das Programmsystem mit dem verwendeten Hexaederelement geeignet ist, Vorgänge mit großen Rotationen und überwiegender Schubbeanspruchung zu berechnen. Hierzu wurde ein ebener Blechstreifen (Bild 25) mit den Abmessungen (9 x 3 x 1 mm) in 216 (18 x 6 x 2) Hexaederelemente eingeteilt, wobei die Elementgröße in Richtung der Längsachse variiert wurde. Die Probe wurde in 20 Schritten um 90° verdreht. Als Werkstückwerkstoff wurde Stahl der Güte St 12 mit einer Anfangsfließspannung von 210 N/mm^2 angenommen. Die Daten der Fließkurve sind ebenfalls in Bild 25 angegeben. Folgende Randbedingungen wurden dabei angenommen:

- die Knotenpunkte in der Ebene B sind fest eingespannt (alle drei translatorischen Freiheitsgrade sind unterdrückt);
- die Knotenpunkte in Ebene A erhalten eine vorgeschriebene Verschiebung so, daß sie eine Kreisbewegung um die Drehachse beschreiben, ohne daß sie sich dabei relativ zueinander verschieben;
- der Abstand der Ebenen A und B ist über den gesamten Vorgang konstant.

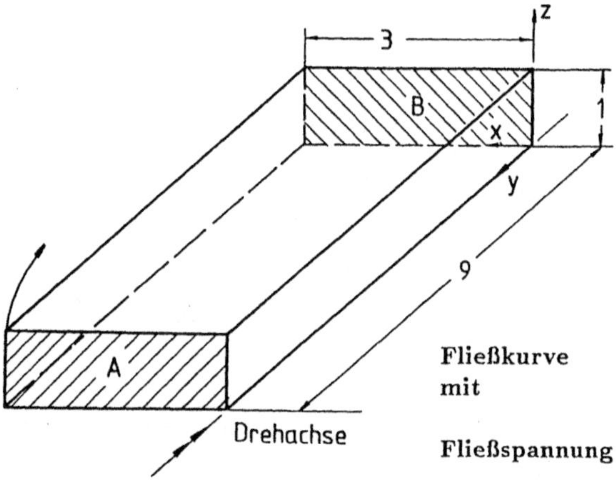

Werkstoff: RRSt 14

Fließkurve	k_f	$C \cdot \varepsilon_V^n$
mit	C	704 N/mm^2
	n	0,24
Fließspannung	k_{f_0}	210 N/mm^2

Bild 25: Verdrehen eines Blechstreifens: Geometrie der Probe.

Die Bilder 26 a und b zeigen die deformierte Struktur bei den Verdrehwinkeln $\alpha = 45°$ und 90°. Es zeigt sich, daß das Programm in der Lage ist, den Verdrehvorgang zu beschreiben. Trotz der verhältnismäßig großen Schrittweite von 4,5° pro Inkrement konnte der Gleichgewichtszustand jeweils nach wenigen Iterationen ermittelt werden (ca. 3-4 Iterationen/Lastschritt). Lediglich die den Ebenen A und B unmittelbar benachbarten Elementreihen zeigen Probleme, die Schubverformung nachzubilden. Diese sind vermutlich in der starken Reduktion der Freiheitsgrade dieser Elemente durch die feste Einspannung einer Seite und die zusätzliche Bedingung der Volumenkonstanz im plastischen Zustand begründet.

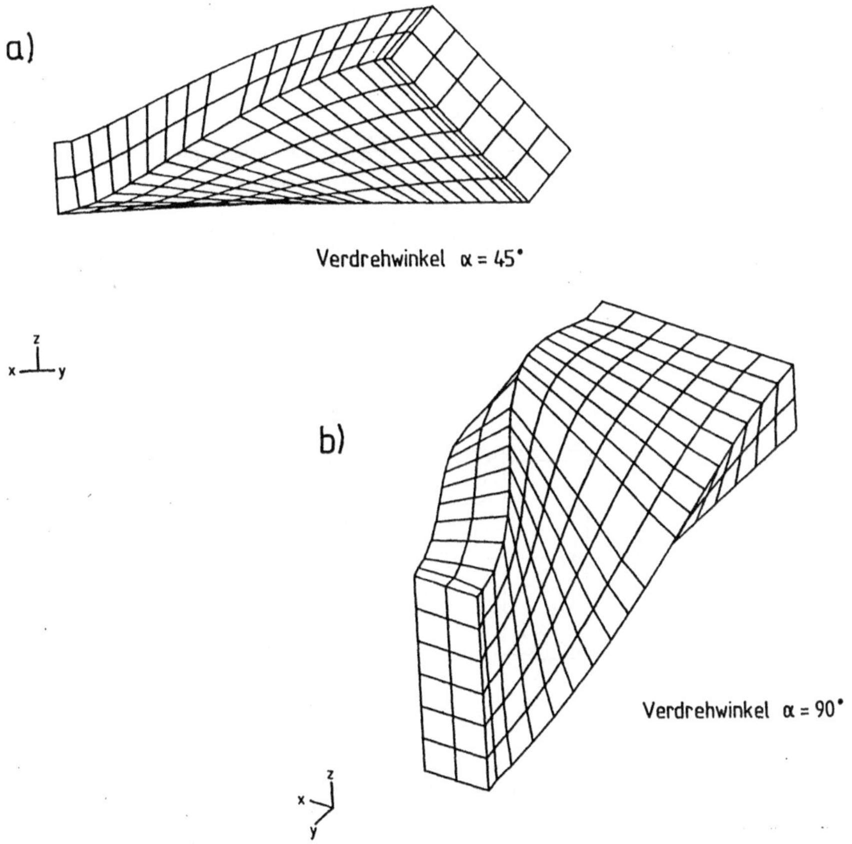

Bild 26: Verformte Geometrie der Probe:
a) Verdrehwinkel $\alpha = 45°$, b) Verdrehwinkel $\alpha = 90°$.

6.3 Axialsymmetrisches Tiefziehen

Zur Untersuchung des Tiefziehens wurde eine Platine aus Tiefziehstahlblech der Güte RRSt 14 mit 160 isoparametrischen 4-Knoten-Ringelementen idealisiert, wobei in Dickenrichtung 4 Elemente angeordnet wurden. Dies entspricht 410 Freiheitsgraden. Es wurde ein Ziehverhältnis von $\beta = 2,0$ bei einem Stempeldurchmesser von d_{St} = 60 mm angenommen (Bild 27). Der Ziehspalt u_Z war mit 2,0 mm, entsprechend der Ausgangsblechdicke s_0, bemessen. Weitere wichtige Daten sind in Tabelle 3 zusammengefaßt.

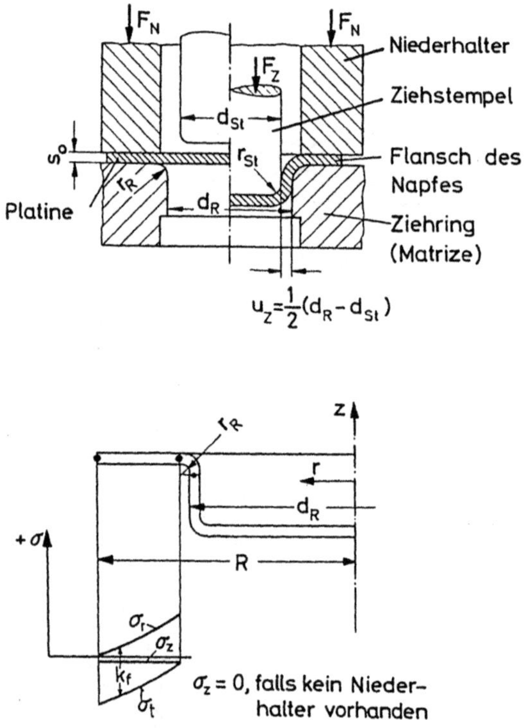

Bild 27: Axialsymmetrisches Tiefziehen im Erstzug:

a) Bezeichnungen

b) Spannungsverlauf im Flansch nach elementarer Theorie.

Für sämtliche Kontaktflächen zwischen Werkzeug und Werkstück wurde Reibungsfreiheit vorausgesetzt. Die Wirkung des Niederhalters wurde derart berücksichtigt, daß die Bewegung der Knotenpunkte die an der Blechoberseite liegen und mit dem Niederhalter in Kontakt sind oder an der Blechunterseite liegen und mit dem Ziehring in Kontakt stehen senkrecht zur jeweiligen Werkzeugoberfläche unterdrückt wurde. Die Distanz zwischen Niederhalter und Ziehring wurde mit $2,0$ mm gleich der Ausgangsblechdicke gewählt.

Die Fließkurve wurde, unter Berücksichtigung der Kaltverfestigung durch eine Exponentialfunktion der Form

$$k_f = C \cdot \varepsilon_V^n \tag{116}$$

mit $C = 554\ N/mm^2$ und $n = 0,24$ angenähert.

Tabelle 3: Geometrische Daten und Werkstoffdaten für die Untersuchung des axialsymmetrischen Tiefziehens.

Platinendurchmesser	D_0	120 mm
Stempelradius	r_{St}	12 mm
Ziehringradius	r_R	10 mm
Blechdicke	s_0	$2,0$ mm
Elastizitätsmodul	E	$210\,000\ N/mm^2$
Poisson-Zahl	ν	$0,3$
Fließkurve	k_f	$C \cdot \varepsilon_V^n$
mit	C	$554\ N/mm^2$
	n	$0,24$
Anfangsfließspannung	k_{f_0}	$200\ N/mm^2$
Reibzahl	μ	0

Bild 28 zeigt die Deformation der Struktur in Abhängigkeit vom Stempelweg und das Anlegen des Bleches an die Radien von Stempel und Ziehring. Mit zunehmendem Stempelweg ist die Abnahme der Blechdicke im Bereich der Stempelrundung deutlich zu erkennen. Die Rechnung wurde bei einem Stempelweg von $21,0$ mm abgebrochen. Zu diesem Zeitpunkt hat noch kein Anlegen im Bereich des Stempelschaftes bzw. im Bereich der Kalibrierzone des Ziehrings stattgefunden. Die berechneten Geschwindigkeitsverteilungen in Bild 29 zeigen deutlich, daß sich der eigentliche Tiefziehvorgang - gekennzeichnet durch die hohe Radialgeschwindigkeit im Flansch - erst allmählich entwickelt. Bei Vorgangsbeginn, bis zu einem Stempelweg von 2,5 mm, ist die radiale Geschwindigkeit im Flansch nahezu gleich Null; hier überwiegen die Biege- und Streckziehvorgänge, da die Stützwirkung des elastischen Flansches zunächst einen Einzug des Bleches verhindert. Bild 30 zeigt die Ausbreitung der plastischen Zone in Abhängigkeit vom Stempelweg. Die Plastifizierung der Platine beginnt schon bei sehr kleinem Stempelweg im Bereich der Ziehring-

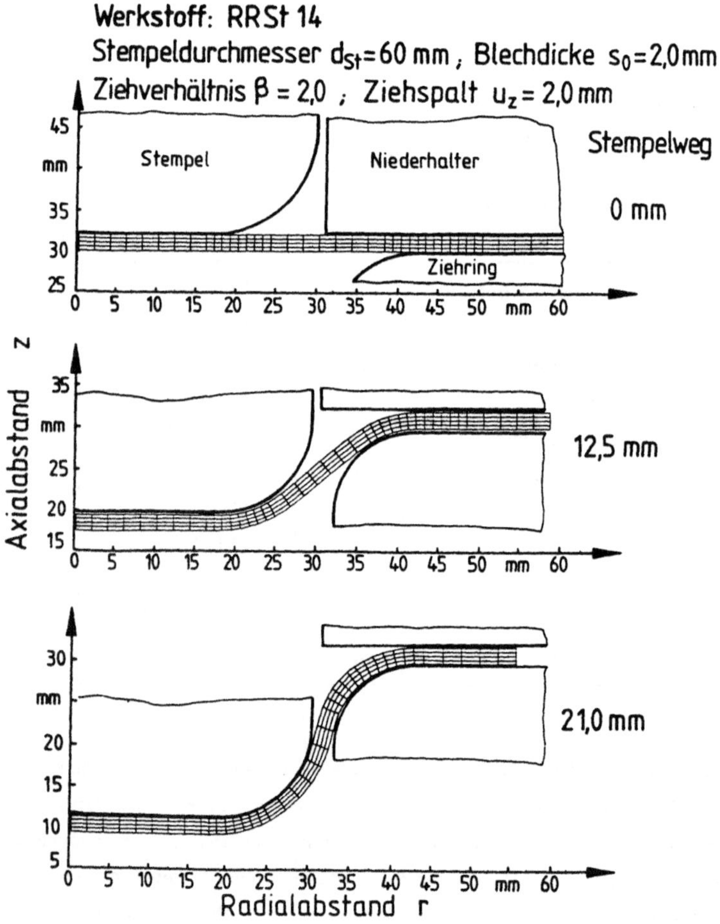

Bild 28: Netzverzerrungen beim axialsymmetrischen Tiefziehen in Abhängigkeit vom Stempelweg.

und Stempelrundung: Entsprechend dem Verlauf der Biegespannungen werden dabei zunächst nur die Außenfasern plastisch. Erst nachdem die Zone freier Umformung zwischen Stempel und Ziehring weitgehend plastisch ist, breiten sich die plastischen Bereiche in den Flansch und den Napfboden aus. Danach ist die gesamte Platine

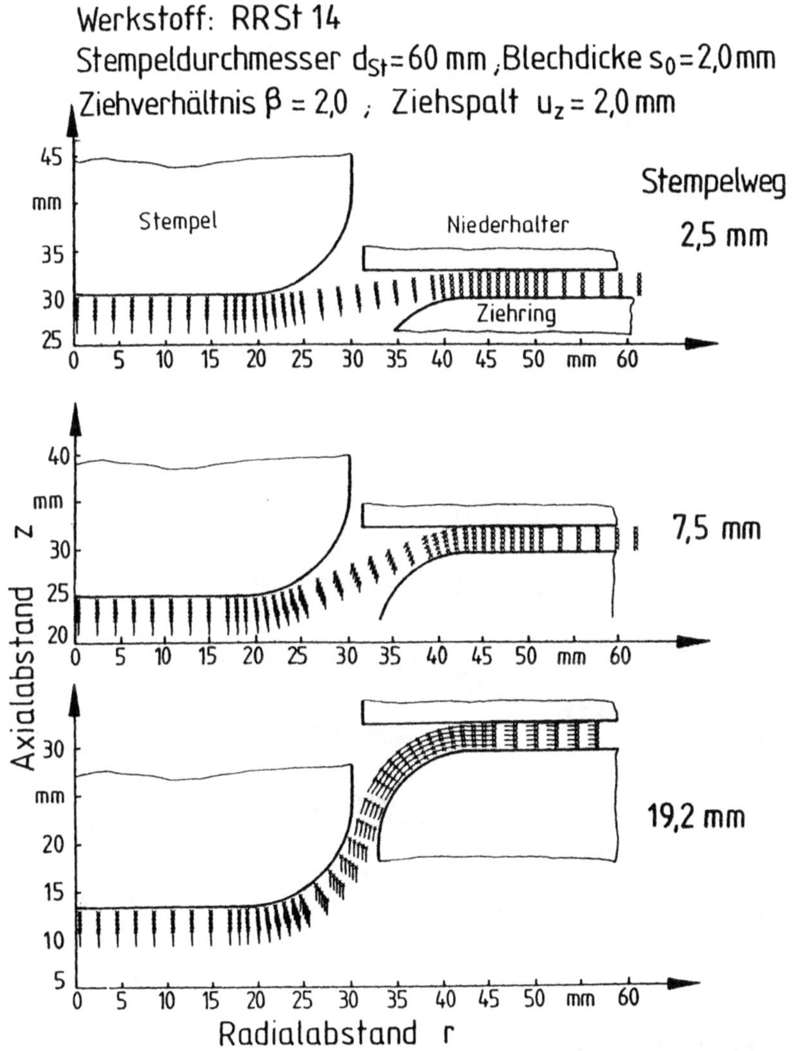

Bild 29: Geschwindigkeitsverteilung beim axialsymmetrischen Tiefziehen in Abhängigkeit vom Stempelweg.

für einen bestimmten Zeitraum (zwischen ca. 4,0 mm und 10,0 mm Stempelweg) vollständig plastifiziert. Die Verfestigung des Napfbodens führt dazu, daß dieser ab ca. 12 mm Stempelweg wieder elastisch wird. Bei weiterer Umformung würde sich dieser Vorgang, durch die zunehmende Entlastung des Bodens und der Zarge, bis in die Zarge fortsetzen.

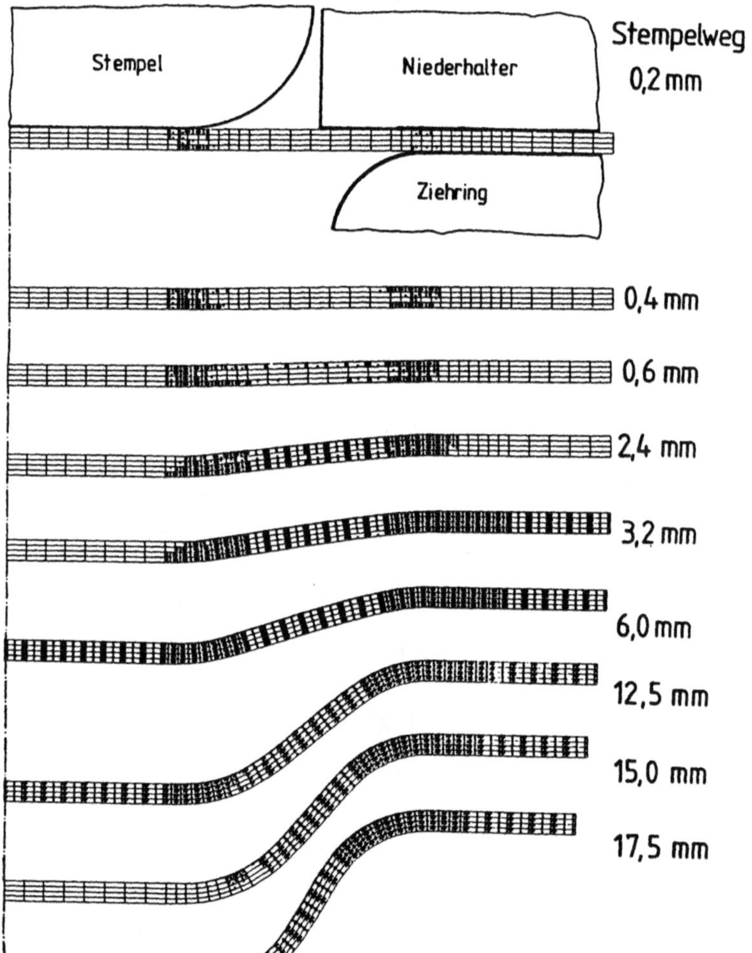

Bild 30: Ausbreitung der plastischen Zone.

Zur Idealisierung wurden für das vorgestellte Beispiel 4 Elemente in Dickenrichtung angeordnet. Eine parallel durchgeführte Untersuchung über den Einfluß der Elementanzahl in Dickenrichtung ergab, daß 4 Elemente in Dickenrichtung für die betrachteten geometrischen Verhältnisse ausreichend sind. Dabei ist zu beachten, daß sich für den verwendeten Elementtyp lediglich eine lineare Dehnungsverteilung im Element einstellt. Eine Idealisierung mit mehr als 4 bis 5 Elementen erscheint für das gezeigte Bespiel nicht sinnvoll, solange nicht gleichzeitig eine Netzverfeinerung in radialer Richtung erfolgt. Die guten numerischen Eigenschaften und die Genauigkeit der verwendeten isoparametrischen Elemente mit bilinearem Verschiebungsansatz sind im allgemeinen (bei Beanspruchungen, die nicht parallel zu den Elementkanten verlaufen) nur dann gewährleistet, wenn das Verhältnis von Elementbreite/-höhe nicht zu groß wird, d.h. die Form des Elements nicht zu stark von der Quadratform abweicht (Richtwert $b/h < 5$). Diese Voraussetzung verlangt bei der Berechnung der Umformung dünner Bleche ($s_0 < 1,0$ mm) eine sehr feine Netzteilung in radialer Richtung, und dies umso mehr, wenn eine entsprechend feine Teilung in Dickenrichtung gewählt wurde.

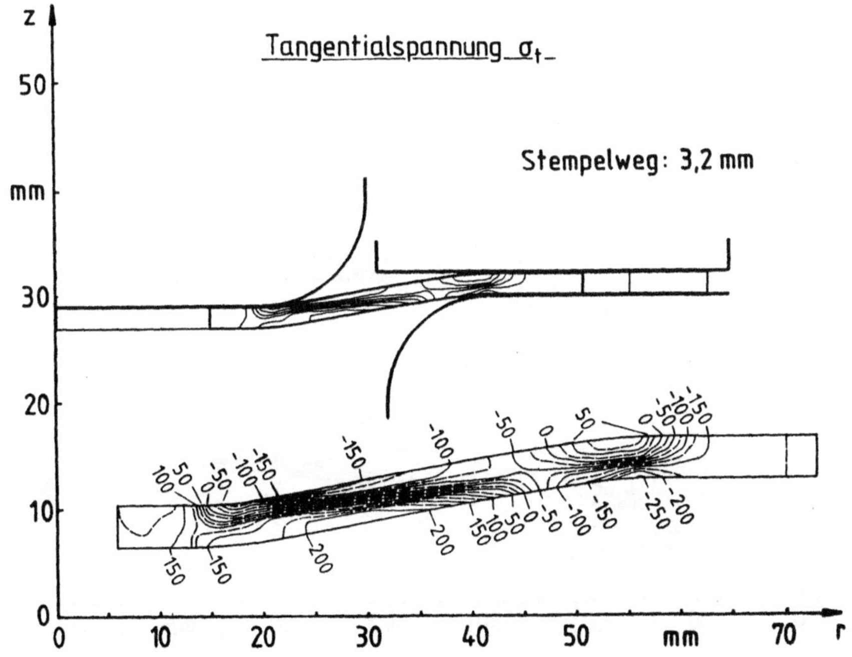

Bild 31: Umfangsspannung σ_t bei einem Stempelweg von 3,2 mm.

Die berechneten Spannungsverläufe in den Bildern 31 bis 33 zeigen deutlich die Überlagerung der Biege- und Ziehspannungen im Bereich zwischen den beiden Radien von Stempel und Ziehring. Bei der Umfangsspannung σ_t (Bild 31) ist der Einfluß der Biegung so stark, daß sich auf der Biegezugseite am Ziehring trotz der durch den Tiefziehvorgang hervorgerufenen überlagerten Druckspannungen Zugspannungen größer 50 N/mm^2 einstellen. Die Verteilung der Radialspannung bestätigt diesen Sachverhalt (Bild 32). Die Spannung σ_r liegt unter dem Stempel im Bereich von ca. 120 – 150 N/mm^2 und steigt auf der Zugseite am Stempel auf Werte von bis zu 300 N/mm^2 an, während auf der gegenüberliegenden Seite geringe Druckspannungen auftreten. Die Zone größter Zugspannung entspricht dabei dem einschnürgefährdeten Querschnitt. Bei Überschreiten der kritischen Spannung tritt an dieser Stelle der sog. Bodenreißer auf. Mit zunehmender Umformung wandert der kritische Bereich weiter in den Stempelradius. Eine entsprechende Spannungsverteilung ergibt sich an der Ziehringrundung; nur liegt hier das Spannungsniveau niedriger, da der durch den Tiefziehvorgang verursachte Anteil an der Radialspannung mit zunehmendem Radius abnimmt (s. auch Bild 28). Im Flansch nimmt die Radialspannung

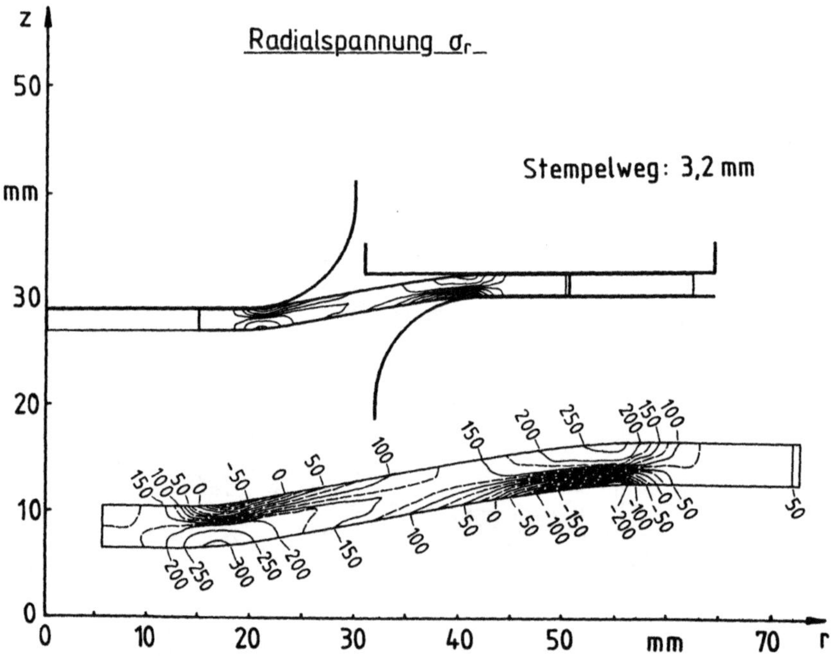

Bild 32: Radialspannung σ_r bei einem Stempelweg von 3,2 mm.

zum Platinenrand hin ab (vgl. auch Bild 27). Bild 33 zeigt den Verlauf der Schubspannung τ_{rz}, die mit Ausnahme der beiden Scherzonen an den Radien infolge der angenommenen Reibungsfreiheit identisch Null ist.

Zur besseren Erfassung des Anlege- und Umlenkvorgangs an den Radien von Stempel und Ziehring wurde in diesen Bereichen eine feinere Idealisierung gewählt. Nun verschiebt sich aber die Lage dieser Bereiche – zumindest auf der Ziehringseite – im Verlauf der Umformung stark, so daß eine kontinuierliche Anpassung des Elementnetzes erforderlich wäre, um bei begrenzter Elementanzahl – aus Gründen der Rechenkosten – dennoch zu genauen Ergebnissen zu gelangen. Das Programmsystem EPDAN bietet eine derartige Möglichkeit derzeit nicht.

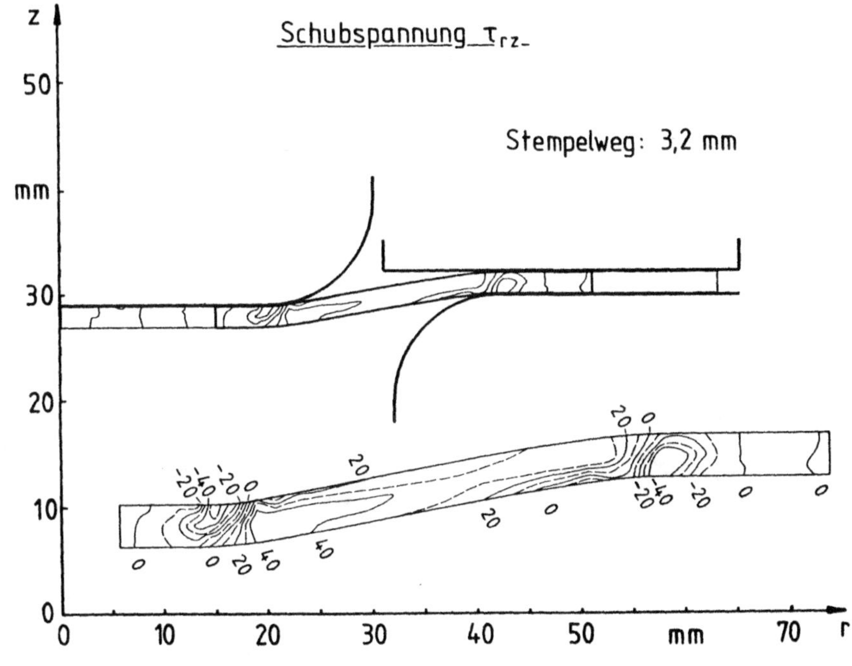

Bild 33: Verteilung der Schubspannung τ_{rz} beim Stempelweg 3,2 mm.

6.4 Biegen im V-Gesenk

Das Biegen ist einer der Grundvorgänge der Blechumformung und tritt meist in Verbindung mit den Verfahren des Tief- bzw. Streckziehens auf. Daneben ist das Biegen im V-Gesenk als eigenständiges Verfahren weit verbreitet. Dabei müssen zwei Teilvorgänge unterschieden werden:

- Der Freibiegevorgang und
- das Nachdrücken im Gesenk.

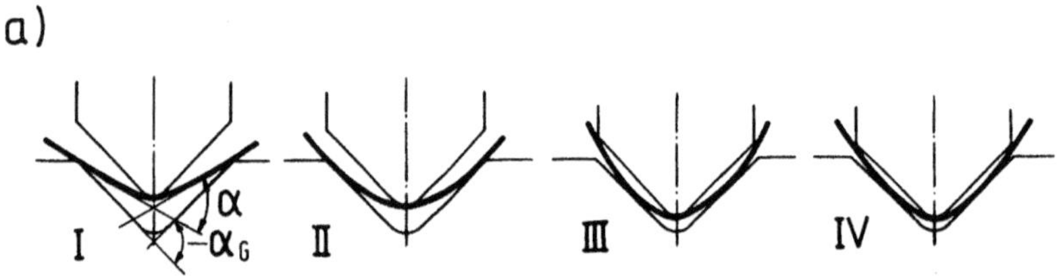

Biegen mit kleinem Stempelradius $\frac{w}{r_{St}} > 5$:	
I	Freies Biegen
II	Ende des Freibiegevorgangs
III	Ende des Überbiegens
IV	Rückbiegen

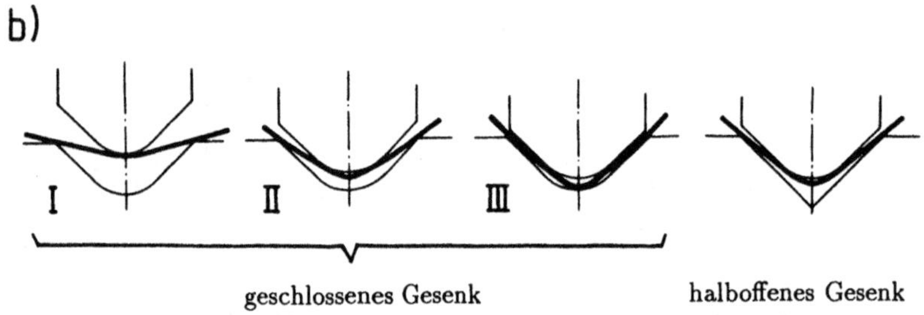

Biegen mit großem Stempelradius $\frac{w}{r_{St}} < 5$:	
I	Freies Biegen
II	Zweipunktauflage an der Stempelrundung
III	Nachdrücken (Beginn)

Bild 34: Vorgangskinematik beim V-Biegen – a) kleiner Stempelradius, b) großer Stempelradius.

Der Freibiegevorgang ist dann beendet, wenn sich die Schenkel des Biegeteils an die Gesenkwände anlegen (d.h. Biegewinkel α = Gesenkwinkel α_G, vgl. Bild 34 a, I und II) oder wenn der Biegeteilradius kleiner wird als der Stempelradius (vgl. Bild 34 b, I und II). Ab diesem Zeitpunkt ist die Werkzeugform für den weiteren Verlauf der Umformung von Bedeutung. Der Nachdrückvorgang schließt sich dem freien Biegen direkt an und dient dazu, die Biegeteilform der Werkzeugform anzupassen. Die Kinematik des Biegevorgangs ist somit von der Werkzeuggeometrie abhängig.

In Bild 35 sind die wichtigsten (formgebenden) Teile eines Werkzeuges zum V-Biegen dargestellt. Die für die Umformung wichtigen (geometrischen) Werkzeugparameter sind der Gesenkwinkel α_G, der Stempelradius r_{St} und die Gesenkweite w.

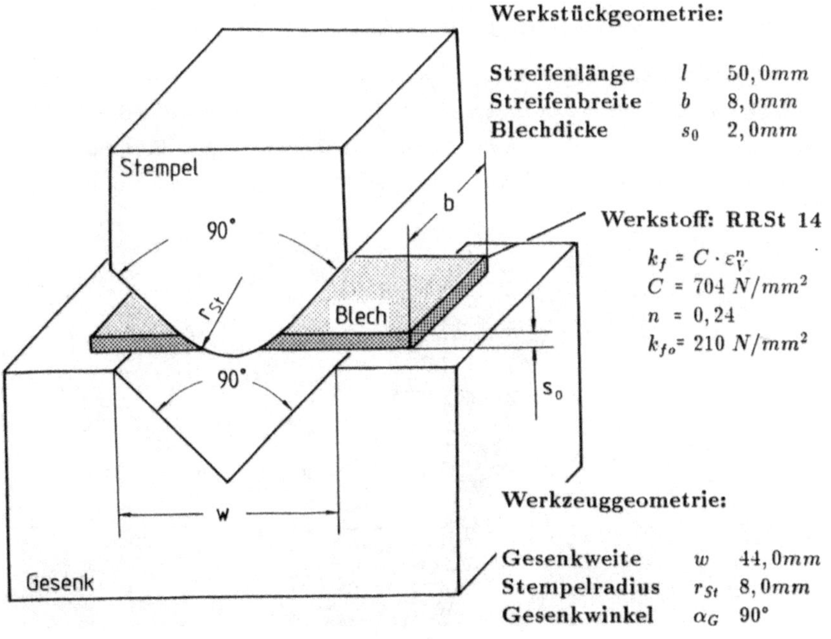

Bild 35: Biegen im V-Gesenk: Werkzeuggeometrie und Werkstückeigenschaften.

In [3] ist eine ausführliche Beschreibung des Ablaufs von Biegevorgängen bei kleinem bzw. großem Stempelradius sowie eine Zusammenfassung zahlreicher experimenteller und theoretischer Untersuchungen zum Biegen angegeben. Obwohl bekannt ist, daß sich im Biegeradius des Werkstücks schon bei kleinen Biegewinkeln ein dreidimensionaler Spannungs- und Formänderungszustand ausbildet, wurde die Mehrzahl der theoretischen Untersuchungen unter der Annahme des ebenen Dehnungszustandes durchgeführt. Infolge des dreiachsigen Spannungszustands im Biegebogen verformt sich ein ursprünglich rechteckiger Querschnitt wie in Bild 36 dargestellt. Und zwar nimmt der rechteckige Querschnitt infolge der Querkontraktion in etwa eine Trapezform an, wobei die längere Kante auf der Biegedruckseite liegt. Bei relativ breiten Blechen beschränkt sich diese auch als Querschnittsverwölbung bezeichnete Verformung auf die Ränder, so daß die Annahme der ebenen Formänderung durchaus berechtigt ist. Bei schmaleren Blechstreifen oder relativ dicken Blechen ist diese Randverformung wesentlich ausgeprägter und sie beeinflußt den Vorgang nachhaltig: Die Randverformung führt dazu, daß sich der Streifen vom Stempel weg biegt und somit nicht in voller Breite am Stempel bzw. auf der gegenüberliegenden Seite nur längs der Kanten am Gesenk anliegt. Die Erfassung dieser Erscheinungen ist nur mit Hilfe eines dreidimensionalen Modells möglich.

Zur Simulation eines V-Biege-Vorgangs wurde ein Blechstreifen aus dem Werkstoff RRSt 14 (s. Bild 35) mit 608 (38 x 4 x 4) Hexaederelementen diskretisiert (Bild 36). Die Länge des Streifens betrug 50 mm; die Breite b wurde mit 8 mm angenommen. Als Ausgangsblechdicke wurde s_0 = 2 mm gewählt. Unter Ausnutzung

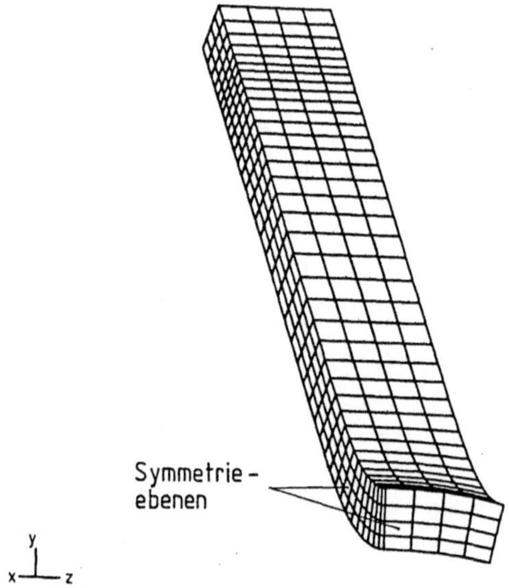

Bild 36: Randverformungen beim freien Biegen eines Blechstreifens.

der Symmetrieeigenschaften wurde lediglich ein Viertel der Probe modelliert. Ferner wurde Reibungsfreiheit vorausgesetzt. Für die Simulationsrechnung wurde ein Biegewinkel von 90° angenommen. Die Gesenkweite betrug in beiden Rechenläufen 44 mm. Der Stempelradius wurde mit $r_{St} = 5,0$ mm bzw. $r_{St} = 8,0$ mm vorgegeben. Bei einem Verhältnis $w/r_{St} = 5,5$ zählt der Vorgang noch zur Gruppe „mit kleinem Stempelradius" (vgl. Bild 34).

Die Bilder 37 a bis d zeigen den Verlauf der Vergleichsformänderung bei vier verschiedenen Stadien der Deformation. Bei einem Stempelweg von 3,25 mm (Bild 37 a) existiert eine „neutrale" Faser in der Probenmitte, die praktisch nicht umgeformt ist und sich über die gesamte Probenbreite erstreckt. Mit zunehmender Biegung erfährt aber auch dieser Bereich infolge der Querschnittsverwölbung eine geringfügige Umformung, die von der Probenmitte nach außen hin größer wird (von Kante B nach C). Die Querschnittsverwölbung der Symmetrieebene im Biegebogen und die damit verbundene Inhomogenität der Formänderung ist in den Bildern 37 b und c deutlich zu erkennen. Bild 37 d beschreibt den Zustand während des Nachdrückens im Gesenk. Der Verlauf der Linien gleicher Formänderung im Bereich A zeigt, daß der Prägevorgang zunächst an der nach unten gewölbten Kante des Streifens einsetzt. Aus dem Verlauf der Vergleichsformänderungsgeschwindigkeit $\dot{\varepsilon}_V$ in Bild 38 geht hervor, daß die Umformung bei größeren Biegewinkeln auf einen verhältnismäßig kleinen Bereich unter dem Stempel begrenzt ist, während die Schenkel des Biegeteils praktisch nicht mehr an der Umformung beteiligt sind.

Neben der bereits beschriebenen Berechnung wurde ein zweiter Rechenlauf mit dem Stempelradius $r_{St} = 5,0$ mm durchgeführt (bei gleichem Werkstoff und angenommener Reibungsfreiheit). Die Bilder 39 a und b zeigen die Verformung des Werkstücks bei zwei verschiedenen Stempelwegen. Dabei ist sehr gut zu erkennen, wie sich das Werkstück beim Schließen der Werkzeuge an den Stempel und das V-Gesenk anlegt. Für die gewählten Verhältnisse $w/r_{St} = 8,8$ bzw. $5,5$ tritt noch kein Ablösen des Werkstücks unmittelbar unter dem Stempel ein, wie dies z.B. von Makinouchi [108] bei $w/r_{St} = 2,1$ (Bild 40) festgestellt wurde. In Bild 40 geben die Pfeile Betrag und Richtung der wirkenden Kontaktkräfte an. Es ist sehr gut zu erkennen, wie der Kontaktbereich mit zunehmendem Stempelweg nach außen wandert und das Blech von Stempel abhebt. Bei dieser Berechnung von Makinouchi wurde im Gegensatz zum vorgestellten Beispiel von einem ebenen Dehnungszustand ausgegangen. Ferner wurde Reibungsfreiheit an der Kontaktfläche zwischen Stempel und Blech angenommen. Die schwarz unterlegten Elemente kennzeichnen den plastischen Bereich.

Additional material from Beitrag zur Berechnung von Vorgängen der Blechumformung mit der Methode der Finiten Elemente
ISBN 978-3-540-53812-7 (978-3-540-53812-7_OSFO2),
is available at http://extras.springer.com

EXTRA
MATERIALS
extras.springer.com

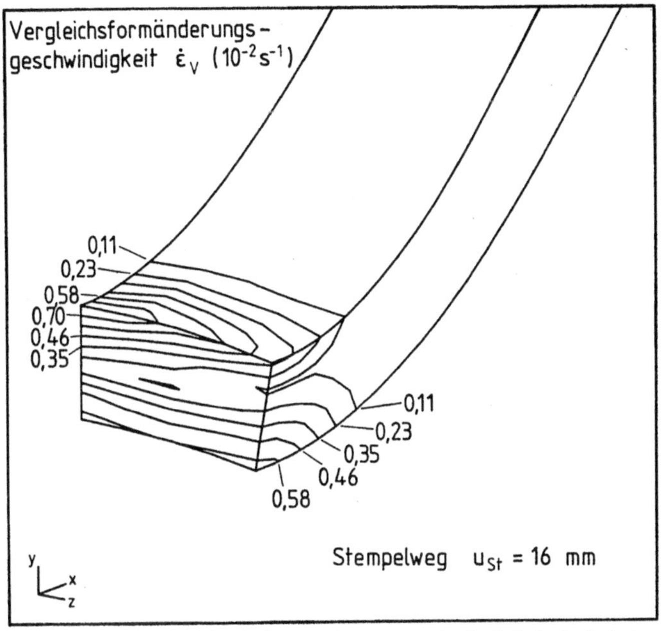

Bild 38: Verteilung der Vergleichsformänderungsgeschwindigkeit $\dot{\varepsilon}_V$ bei einem Stempelweg von 16 mm.

Der Vergleich der berechneten Kraft-Weg-Verläufe (Werkstoff St 14) mit den von Dannenmann [107] experimentell ermittelten Kurven (Werkstoff CuZn 37) zeigt eine qualitative Übereinstimmung (Bild 41), wenngleich ein quantitativer Vergleich der Verläufe aufgrund der unterschiedlichen Fließkurven der betrachteten Werkstoffe und der unterschiedlichen Werkstückgeometrie nicht möglich ist. Die von Dannenmann untersuchten Biegeteile besaßen eine Breite von 20 mm, während in der Rechnung eine Breite von 4 mm (bzw. 8 mm, unter Berücksichtigung der Symmetrie) angenommen wurde. Aus diesem Grund wurden die gemessenen Stempelkräfte auf eine Breite von 4 mm umgerechnet. Beim Biegen mit kleinem Stempelradius tritt noch ein Kraftminimum vor dem durch das Nachdrücken verursachten steilen Kraftanstieg auf, während bei r_{St} = 8 mm dieses Minimum deutlich weniger ausgeprägt und gleichzeitig zu einem kleineren Stempelweg verlagert ist. Bei einer weiteren Vergrößerung des Stempelradius kommt es durch das Abheben des Biegeteiles vom Stempel (s. auch Bild 35 b) zu einer Verkürzung des wirksamen Hebelarmes, was letztlich dazu führt, daß sich der für r_{St} = 15 mm gemessene Kraft-Weg-Verlauf mit dem deutlich früher einsetzenden Kraftanstieg einstellt.

a)

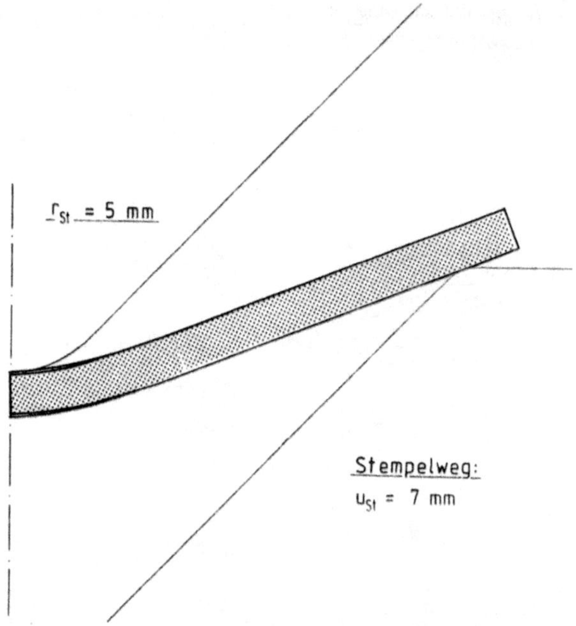

b)

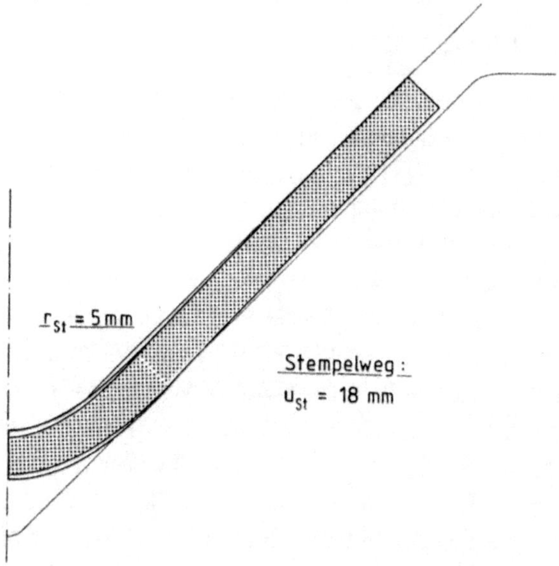

Bild 39: V-Biegen mit kleinem Stempelradius (r_{St} = 5 mm) Deformation der Probe in Abhängigkeit vom Stempelweg: a) freies Biegen, b) Schließen der Werkzeuge.

Simulation 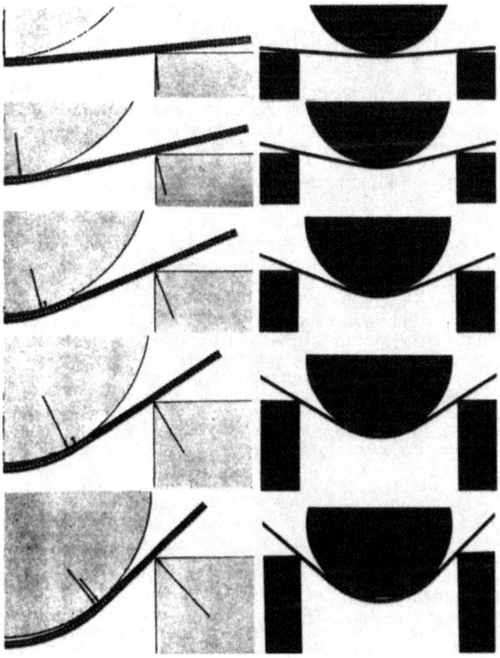 Experiment

Bild 40: V-Biegen mit großem Stempelradius [108]. Entwicklung des Kontaktes zwischen Stempel und Werkstück.

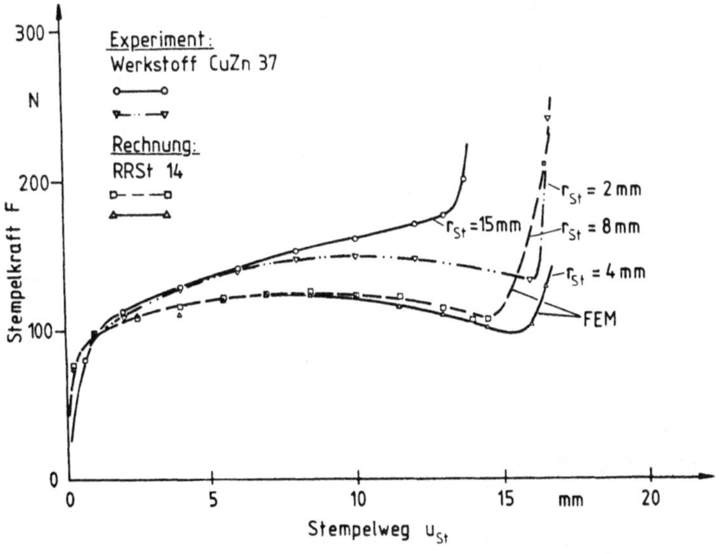

Bild 41: Kraft-Weg -Verlauf beim V-Biegen in Abhängigkeit vom Stempelradius.

6.5 Streckziehen mit quadratischem Stempel

Zur Berechnung des Streckziehens einer quadratischen Platine mit den Abmessungen 200 x 200 mm und der Ausgangsblechdicke $s_0 = 2,0$ mm mit einem ebenfalls quadratischen Stempel (Bild 42) wurde folgende Idealisierung für das Werkstück und das Werkzeug erstellt:

- Das Werkstück wurde mit 562 Hexaederelementen diskretisiert. Dabei wurden aus Gründen der Rechenzeit lediglich zwei Elemente in Dickenrichtung angeordnet. Bei dem verwendeten trilinearen Verschiebungsansatz im Element und der daraus resultierenden linearen Dehnungsverteilung ist die Erfassung der Biegeeinflüsse damit näherungsweise möglich. Im Bereich der Stempelradien wurde eine feinere Elementeinteilung gewählt, um das Anlegen des Bleches längs der Kanten erfassen zu können. Unter Ausnutzung der Symmetrieeigenschaften wurde lediglich ein Achtel der Platine bei der Diskretisierung berücksichtigt. Die mit A und B gekennzeichneten Ebenen sind Symmetrieebenen; für die in der Ebene C liegenden Knoten wurde eine feste Einspannung angenommen, so daß ein Einzug des Bleches vollständig unterdrückt wurde.

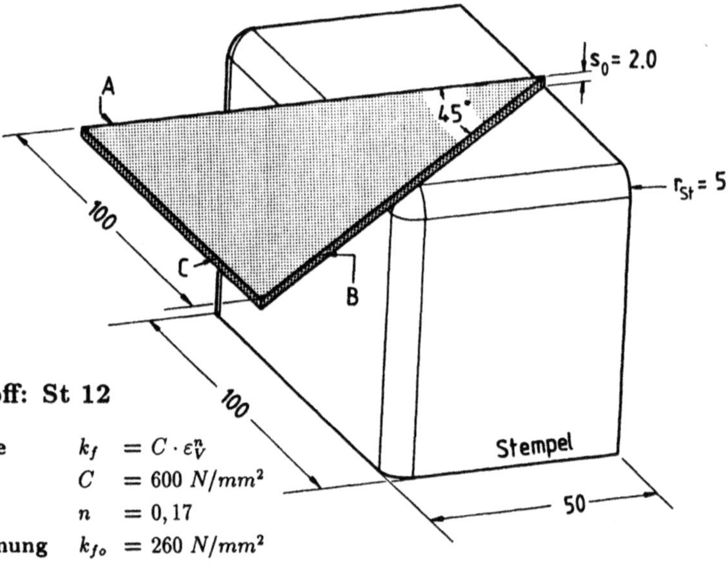

Werkstoff: St 12

Fließkurve	k_f	$= C \cdot \varepsilon_V^n$
mit	C	$= 600\ N/mm^2$
	n	$= 0,17$
Fließspannung	k_{f_0}	$= 260\ N/mm^2$
Reibzahl	μ	$= 0$

Bild 42: Modell für das Streckziehen mit quadratischem Stempel.

- Die Kantenlänge des quadratischen Stempels beträgt 100 mm. Die Rundungsradien wurden mit 5 mm angenommen. Das Werkzeug wurde mit 1362 Dreieckssegmenten beschrieben. In den Radien wurde eine sehr feine Netzteilung gewählt, so daß der Knickwinkel zwischen zwei benachbarten Segmenten kleiner 5° war.

Als Werkstückwerkstoff wurde Tiefziehstahlblech der Güte St 12 angenommen. Die Fließkurvendaten sind in Bild 42 angegeben.

Das Werkstück wurde in insgesamt 280 Inkrementen reibungsfrei bis zu einem Stempelweg von 21,5 mm gezogen (Bild 43). Es zeigt sich, daß die plastischen Deformationen trotz der angenommenen Reibungsfreiheit im wesentlichen auf den Teil der

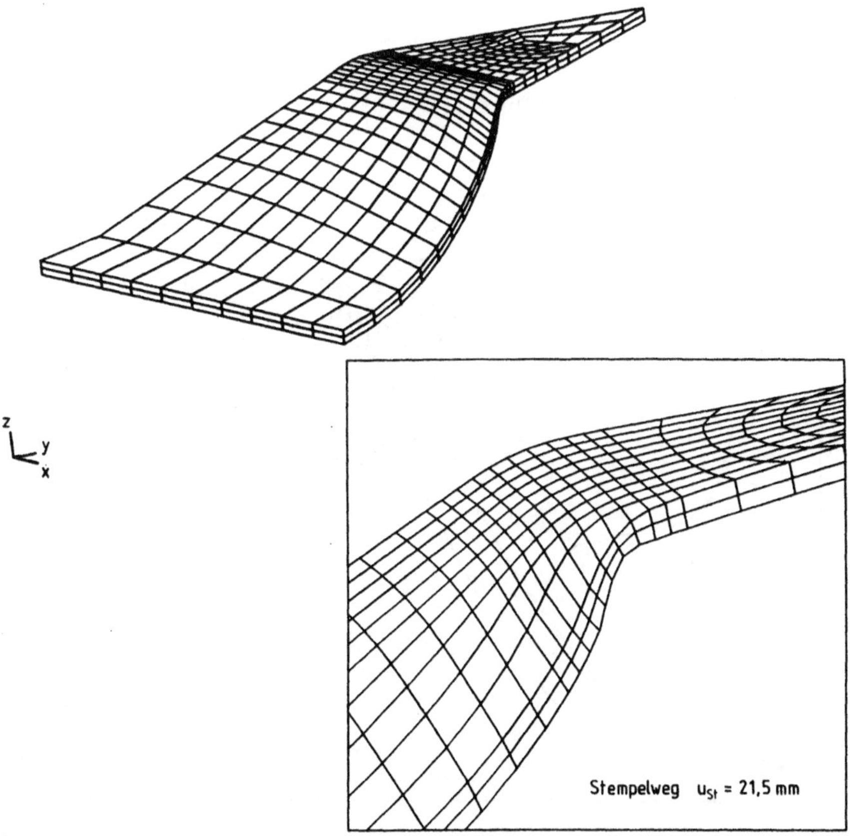

Bild 43: Geometrie der Platine bei 21,5 mm Stempelweg.

Platine, der an der Stempelkante anliegt – insbesondere den Eckbereich – konzentriert sind. Im Fall einer reibungsbehafteten Umformung wäre diese Lokalisierung noch ausgeprägter. Anhand der Ausschnittsvergrößerung des Eckbereichs ist die Abnahme der Blechdicke an dieser Stelle sehr gut zu erkennen. Hier beträgt die aktuelle Blechdicke bei einer Ziehtiefe von 21,5 mm nur noch ca. 60% der Ausgangsblechdicke. Bei dem maximalen Stempelweg beträgt die Vergleichsformänderung an dieser Stelle $\varepsilon_V \approx 0,5$, während der größte Teil der Platine noch Formänderungen kleiner $\varepsilon_V = 0,15$ aufweist (Bild 44). Die Verteilung der plastischen Vergleichsformänderungsgeschwindigkeit $\dot{\varepsilon}_V$ in Bild 45 zeigt diese Lokalisierung noch deutlicher. Die Formänderungsgeschwindigkeit $\dot{\varepsilon}_V \approx 0,3 \cdot 10^{-2}\ 1/s$ liegt in der Ecke um etwa eine Zehnerpotenz über den Werten, die für die Zone unter dem Stempel oder im Bereich der festen Einspannung berechnet wurden. Bei 21,5 mm Stempelweg wurde

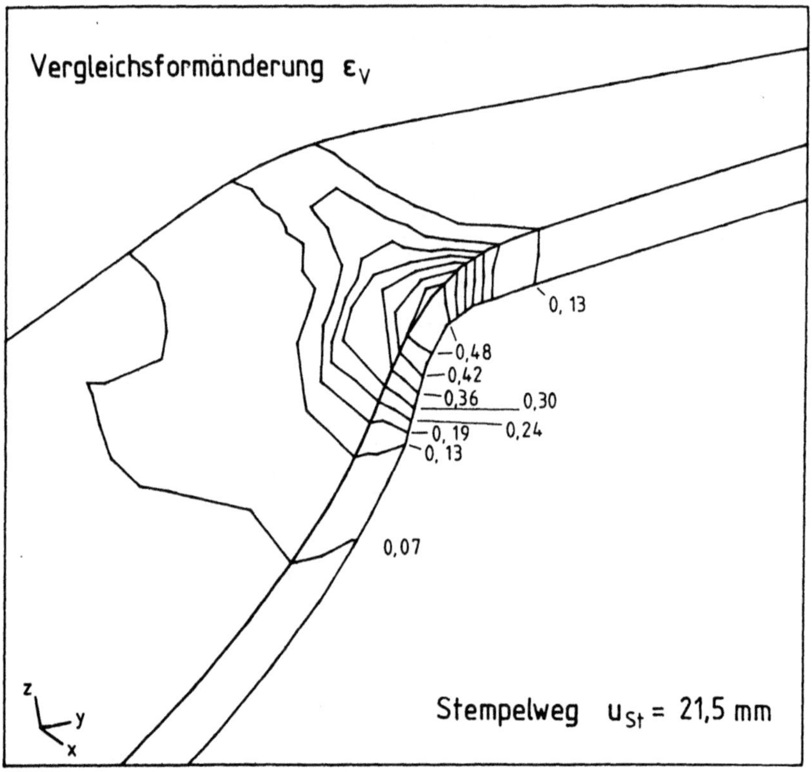

Bild 44: Verteilung der Vergleichsformänderung ε_V bei 21,5 mm Stempelweg.

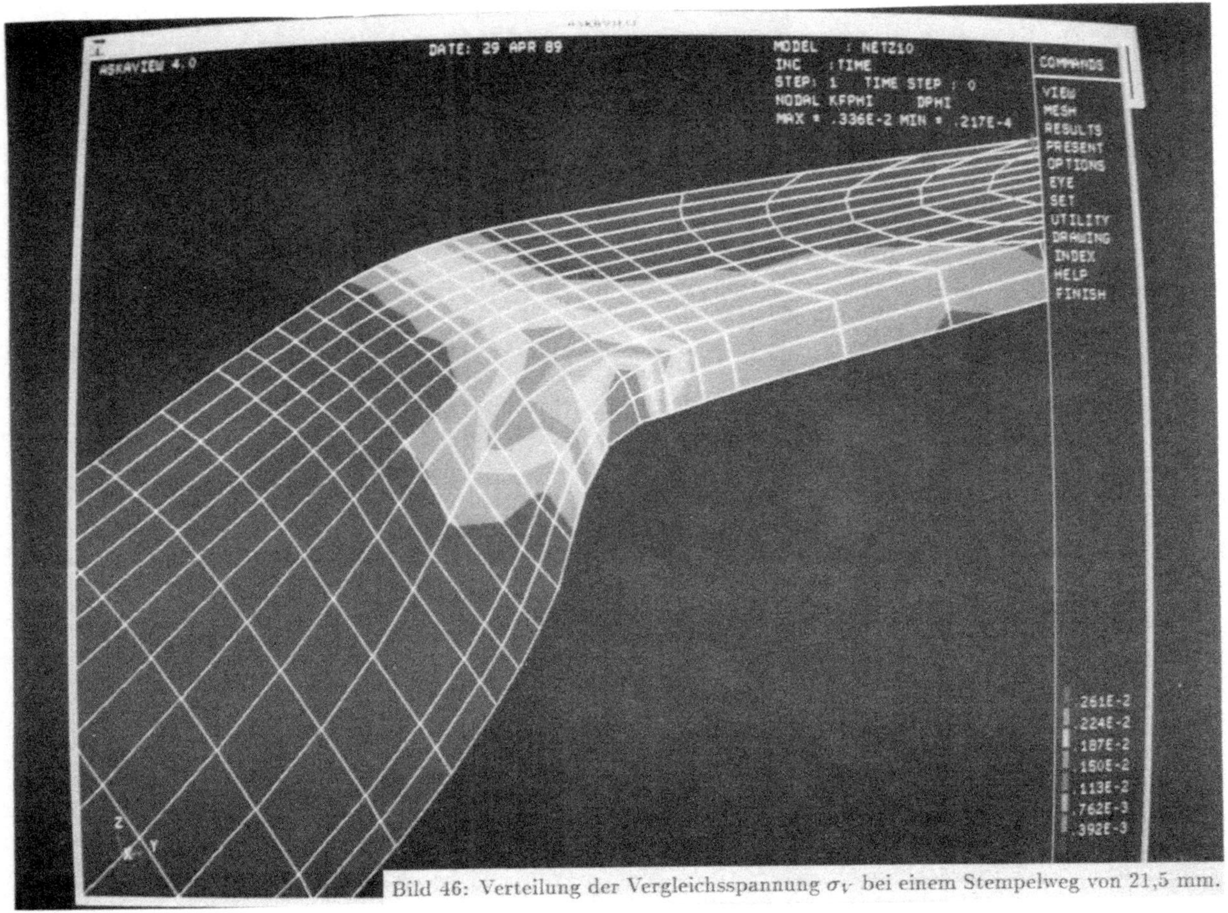

Bild 46: Verteilung der Vergleichsspannung σ_V bei einem Stempelweg von 21,5 mm.

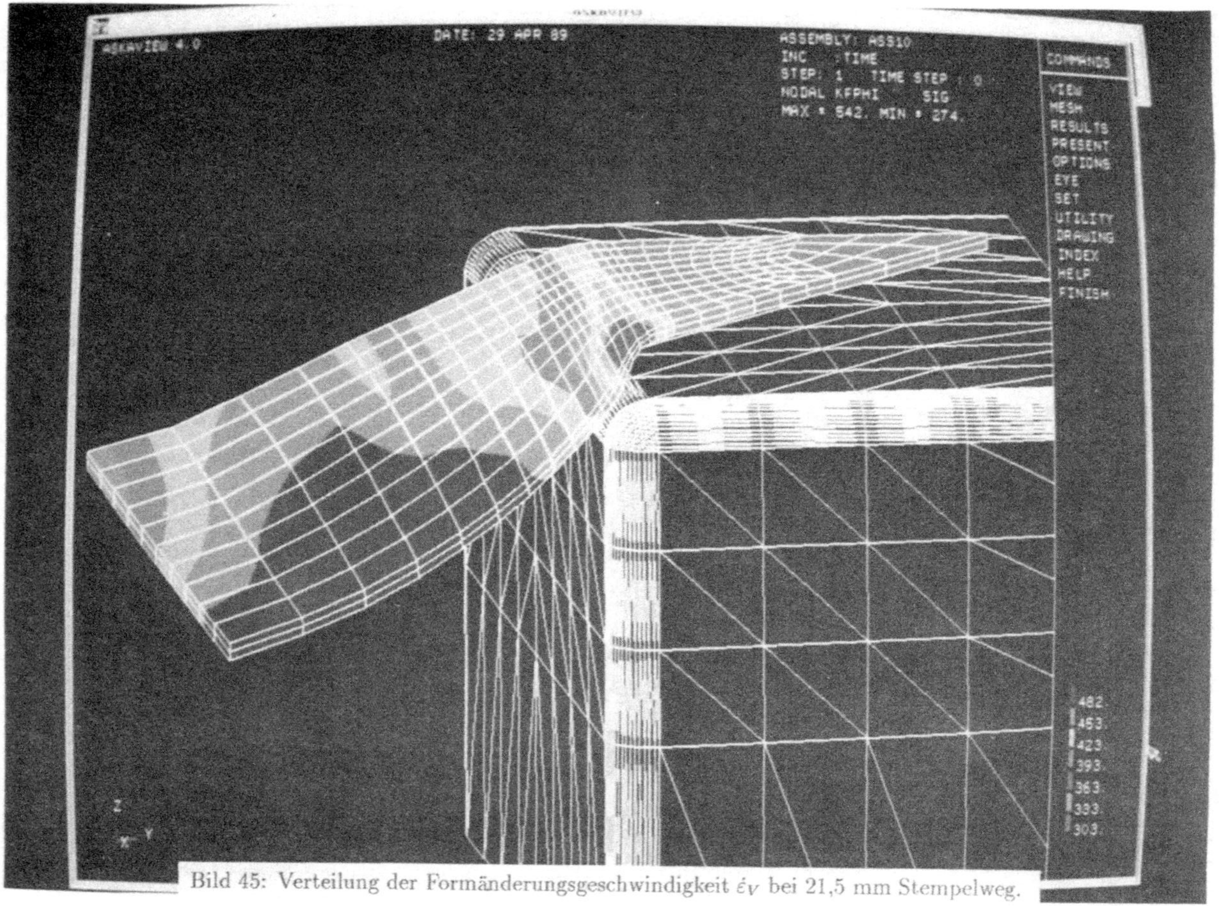

Bild 45: Verteilung der Formänderungsgeschwindigkeit $\dot{\varepsilon}_V$ bei 21,5 mm Stempelweg.

die Rechnung abgebrochen, weil eine weitere Fortsetzung der Umformung zu einer unrealistisch großen Abnahme der Blechdicke im kritischen Bereich ($s/s_0 < 0,6$) geführt hätte. Bild 46 zeigt den Verlauf der Vergleichsspannung σ_V. Es ist zu erkennen, daß bei der betrachteten Stempeltiefe eine Verfestigung des Bleches auf mehr als das doppelte der Anfangsfließspannung von $k_{f_o} = 260\ N/mm^2$ eingetreten ist.

Die Rechenzeit für das vorgestellte Beispiel betrug ca. 4 h auf der am Rechenzentrum der Universität Stuttgart installierten Cray 2. Das Verschiebungsinkrement für die Stempelbewegung wurde so gewählt, daß sich eine Iterationsanzahl bis zum Erreichen der vorgegebenen Konvergenzschranken (s. Kap. 5.2) von 10 bis 15 einstellte. Hierzu mußte die Inkrementgröße von anfänglich 0,15 mm/Inkrement im Laufe der Rechnung auf die Hälfte verkleinert werden.

7 Experimentelle Überprüfung des Rechenverfahrens

Die experimentelle Überprüfung des erstellten Programmsystems (ohne den Kontaktalgorithmus) wurde anhand des Flachzugversuchs mit einer gekerbten Probe vorgenommen.

Der Flachzugversuch wird zur Ermittlung der Fließkurve sowie der Werte der senkrechten und ebenen Anisotropie bei Blechwerkstoffen eingesetzt und ist in der industriellen Praxis weit verbreitet. Die experimentellen Untersuchungen wurden an Flachzugproben nach DIN 50 125 Form E, mit den Abmessungen

- Gesamtlänge $L_t = 250\ mm$,
- Probenbreite $b = 20\ mm$ und
- Probendicke $s_0 = 6\ mm$.

bzw. geringfügig modifizierten – gekerbten – Proben durchgeführt (Bild 47 a). Die vergleichsweise große Probendicke von 6 mm wurde gewählt, weil bei dünnen Flachzugproben ($s_0 < 2 \ldots 3\ mm$) eine Verwölbung der Proben aus der Blechebene heraus auftritt, die in der Rechnung nicht ohne Einführung einer zusätzlichen Imperfektion nachgebildet werden kann und durch den Wegfall einer Symmetrieebene einen vergrößerten Berechnungsaufwand erfordert.

Die Vorgehensweise mit einer gekerbten Probe wurde gewählt, um sowohl im Experiment als auch in der Rechnung eine definierte Einschnürung zu erzielen. Die Kerbe wurde mit Hilfe eines kreiszylindrischen Fräsers mit Durchmesser $D = 20$ mm eingebracht, so daß keine scharfen – und damit rechnerisch schwer zu beschreibenden Übergänge auftraten. Erste Vorversuche zeigten, daß eine Kerbtiefe von von 0,1 mm (dies entspricht einer 1%-Imperfektion) nicht ausreicht, um die Einschnürung an der Kerbe einzuleiten. Aus diesem Grund wurde eine Kerbtiefe von 0,3 mm auf beiden Seiten der Probe vorgesehen, womit dann auch eine definierte Einschnürung bei allen untersuchten Proben erreicht werden konnte.

Parallel zu den Experimenten wurde eine Simulationsrechnung durchgeführt. Hierzu wurde die Flachzugprobe mit 612 (3 x 12 x 17) Hexaederelementen idealisiert. Dabei wurde unter Ausnutzung der Symmetrieeigenschaften der Zugprobe lediglich ein Achtel zur Berechnung herangezogen. Ferner wurde zur Begrenzung des Berechnungsaufwandes aus dem geraden Teil der Probe nur ein 32 mm langes Teilstück betrachtet (s. Bild 47 a). Die Fließkurve für den vorliegenden Werkstoff (St 37-2) wurde mit Hilfe einer ungekerbten Probe ermittelt (bis zum Erreichen der Gleichmaßdehnung) und anschließend bis zu einer Vergleichsformänderung von $\varepsilon_V = 1,2$ extrapoliert (Bild 47 b). Die Bilder 48 a und b zeigen die deformierte Struktur bei 31 bzw. 34% Längenänderung in unterschiedlichen Ansichten ($\varepsilon_l = (l - l_0)/l_0$). Dabei ist sowohl die Einschnürung in Querrichtung als auch die Abnahme der Blechdicke in der Probenmitte deutlich zu erkennen. Die lokalisierte Einschnürung mit der Ausbildung der für Flachzugproben typischen „Keilform" beginnt bei ca. $\varepsilon_l = 16 \ldots 18\%$.

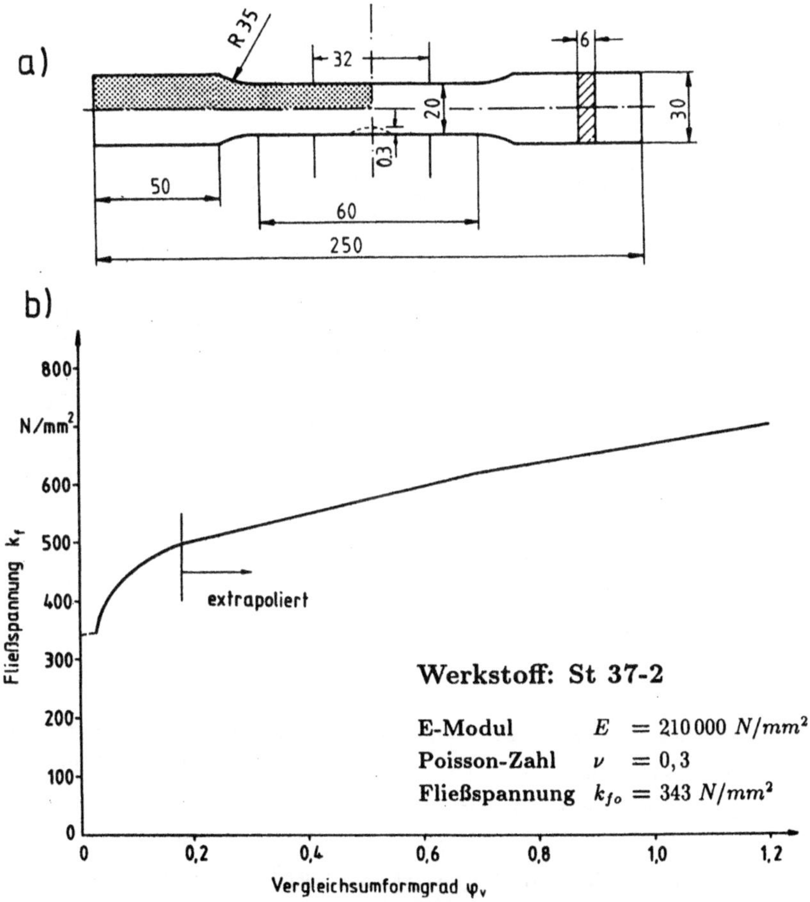

Bild 47: a) Geometrische Daten der untersuchten Flachzugproben,
b) Fließkurve für St 37-2 (ermittelt im Flachzugversuch).

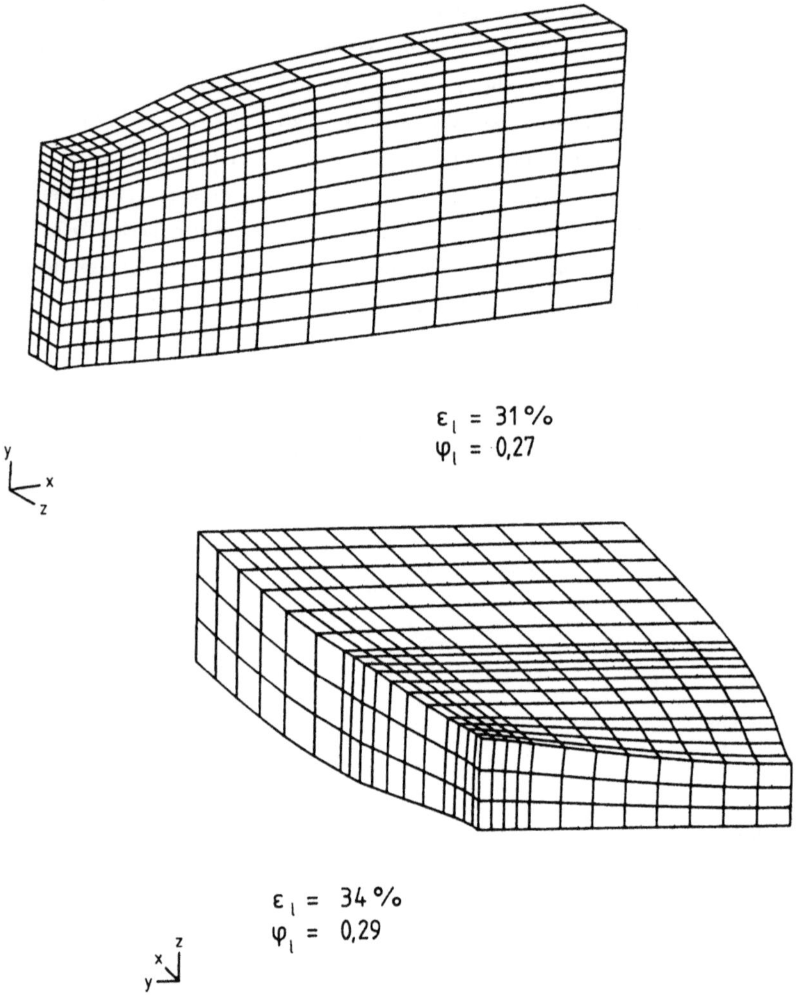

Bild 48: Flachzugversuch: Deformierte Struktur.

Die Bilder 49 a und b zeigen zum Vergleich dazu die gezogenen Flachzugproben in der Gesamtansicht und als Detailaufnahmen des Einschnürquerschnitts. Die Probe A wurde geringfügig über die Gleichmaßdehnung ($\varepsilon_l = 19\%$) gezogen, während Probe B bis in den Bereich der Bruchdehnung ($\varepsilon_l = 35\%$) gelängt wurde. Die Bilder 50 a bis d beschreiben den Verlauf der Vergleichsformänderung ε_V bei verschiedenen Stadien der Deformation. Während bei 16% Dehnung noch eine vergleichsweise homogene Formänderungsverteilung vorliegt – mit Maximalwerten im Kerbgrund,

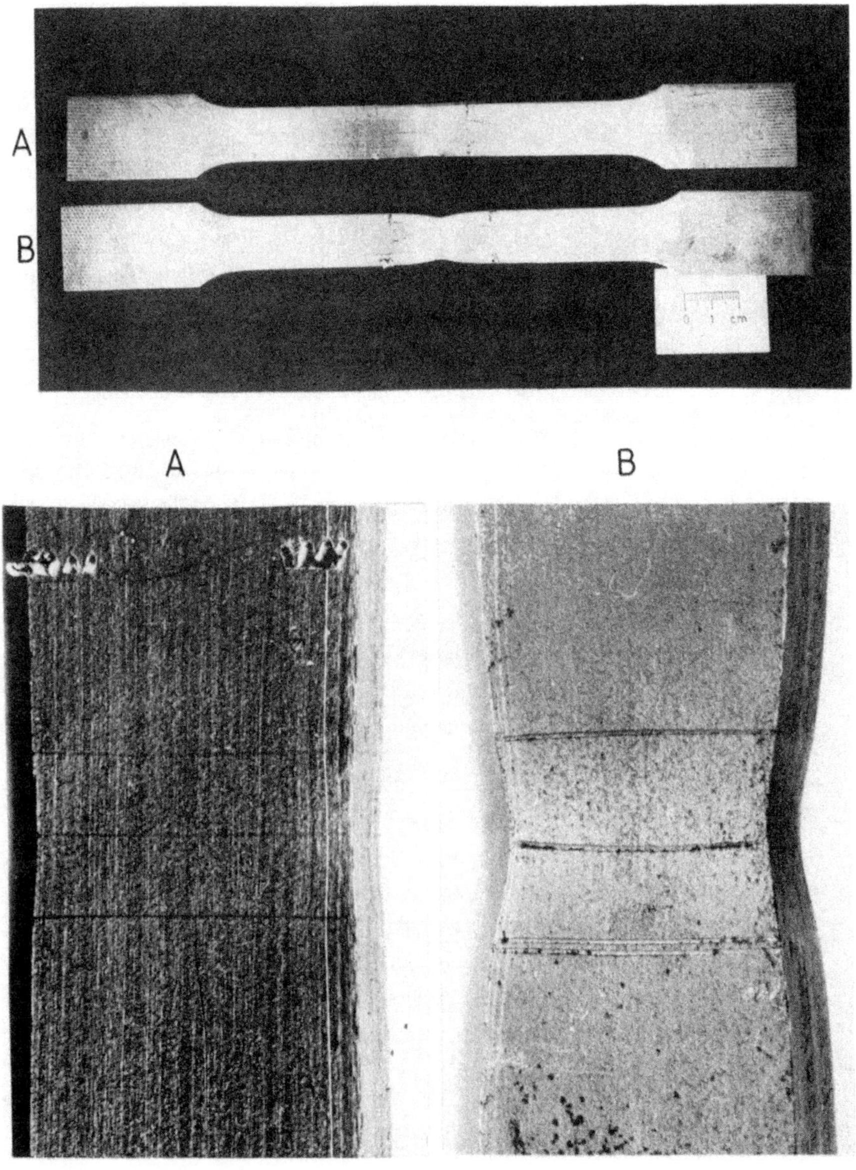

Bild 49: Gekerbte Flachzugproben - Probe A: $\varepsilon_l = 19\%$, Probe B: $\varepsilon_l = 35\%$;

a) Gesamtansicht,

b) Detailaufnahme des Einschnürquerschnitts in 4-facher Vergrößerung.

die zur Probenmitte hin rasch abnehmen – liegt bereits bei $\varepsilon_l = 25\%$ eine deutliche Abstufung der Formänderungen zur Probenmitte vor. Bei Dehnungen größer 30% ist eine starke Lokalisierung der Formänderungen in der Probenmitte festzustellen, mit Größtwerten von ε_V die deutlich über $\varepsilon_V = 0,7 \ldots 0,8$ liegen. Die Lokalisierung der Formänderungen ist aus der Verteilung der Formänderungsgeschwindigkeit $\dot{\varepsilon}_V$ noch besser zu ersehen (Bilder 51 a - d). Bei 13 bzw. 16 % globaler Dehnung ε_l tritt die größte Dehngeschwindigkeit im Kerbgrund auf. Der Rest der Probe weist eine im wesentlichen homogene Verteilung auf. Dieser Sachverhalt ändert sich bei $\varepsilon_l =$ 18% deutlich. Hier ist bereits der starke Abfall von $\dot{\varepsilon}_V$ im rechten Probenbereich, verbunden mit dem Anstieg in der Probenmitte, ersichtlich. Bei 25% Dehnung ist diese Lokalisierung noch ausgeprägter, und die maximalen Werte von $\dot{\varepsilon}_V$ haben sich gegenüber der vorangegangenen Stufe verdoppelt.

Das Bild 52 zeigt eine Gegenüberstellung der berechneten und gemessenen Kraft-Dehnungs-Verläufe. Der Vergleich der gemessenen Verläufe für die gekerbten und ungekerbten Proben zeigt keine signifikanten Unterschiede, obwohl – wie bereits erwähnt – mit der Kerbung eine 3%-ige Querschnittsverminderung verbunden war. Dies legt die Vermutung nahe, daß die durch Werkstoffehler (materielle Imperfektionen) hervorgerufene innere Kerbwirkung ungefähr in dieser Größenordnung liegt. Generell muß bei konventionell hergestellten Werkstoffen mit einer Streuung der Werkstoffeigenschaften in der Größenordnung von 5% gerechnet werden.

Die berechnete Kraft-Dehnungs-Kurve verläuft geringfügig unterhalb der gemessenen Kurven. Allerdings ist die Abweichung insgesamt sehr gering, so daß der Versatz der Kurven durchaus in der Annäherung der Fließkurve (insbesondere im Bereich großer Dehnungen) begründet sein kann. Außerdem kann bei der vorliegenden nichtlinearen Problemstellung und den verwendeten Elementen nicht mehr davon ausgegangen werden, daß sich das FE-Modell zu steif verhält. Unter Berücksichtigung dieser Gesichtspunkte beschreibt die vorgestellte Finite-Element-Lösung trotz der vorgenommenen Vereinfachungen eine gute Näherung für den Flachzugversuch – zumindest was das globale Verhalten, das hier anhand des Kraft-Dehnungs-Verlaufs beurteilt wurde, angeht.

Eine Aussage über die Genauigkeit lokaler Größen (z.B. Spannungen und Formänderungen in der Nähe der Kerbe) ist aufgrund der durchgeführten Experimente nicht möglich. Darüberhinaus muß darauf hingewiesen werden, daß mit der experimentellen Überprüfung nur das vorgestellte Hexaederelement und das globale Lösungs-

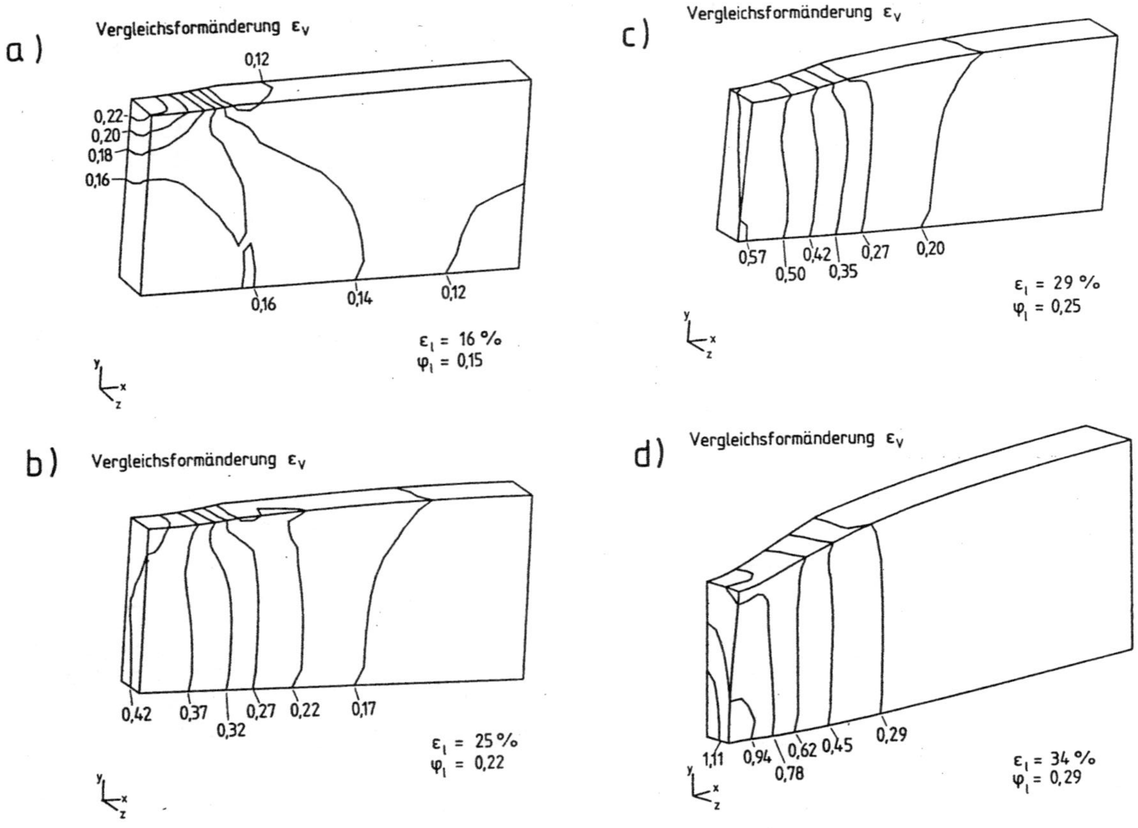

Bild 50: Verlauf der Vergleichsformänderung ε_V.

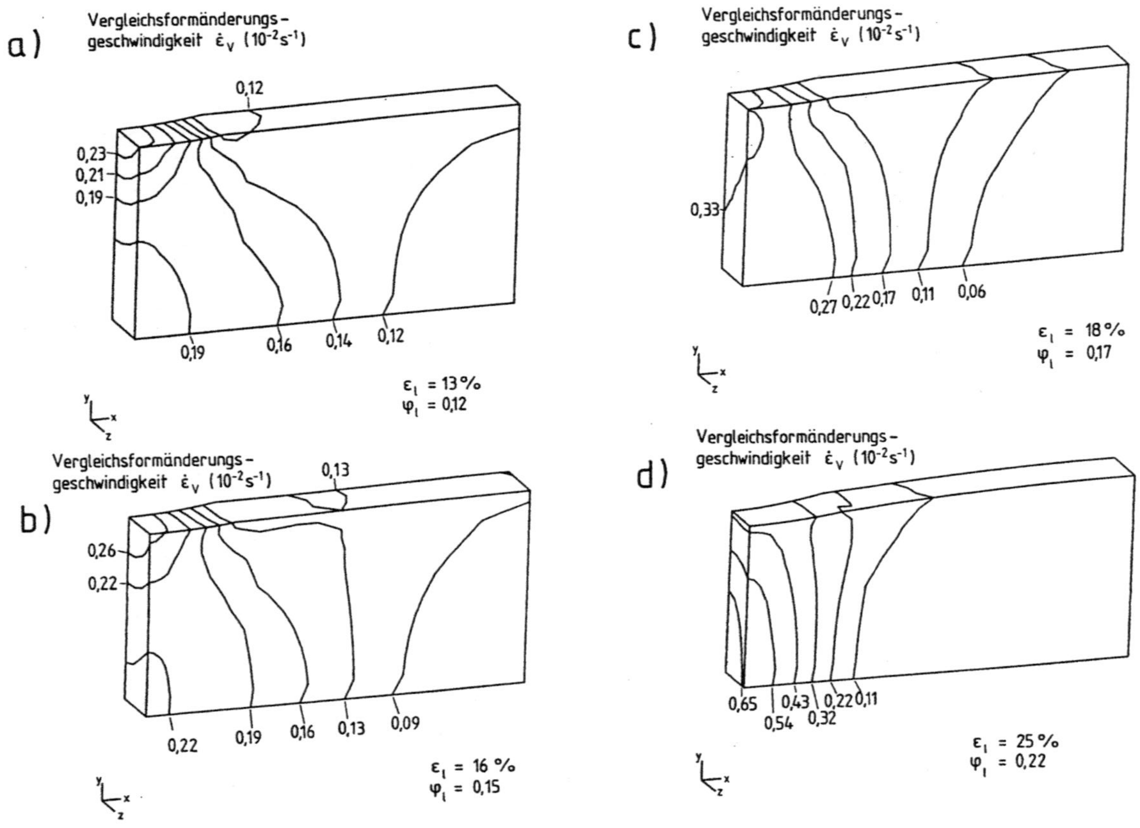

Bild 51: Verlauf der Vergleichsformänderungsgeschwindigkeit $\dot{\varepsilon}_V$.

verhalten beurteilt werden können. Durch das Fehlen von Kontaktbereichen am Werkstück ist eine Aussage über die Genauigkeit des Berechnungsverfahrens beim Auftreten von Kontaktproblemen ebenfalls nicht möglich.

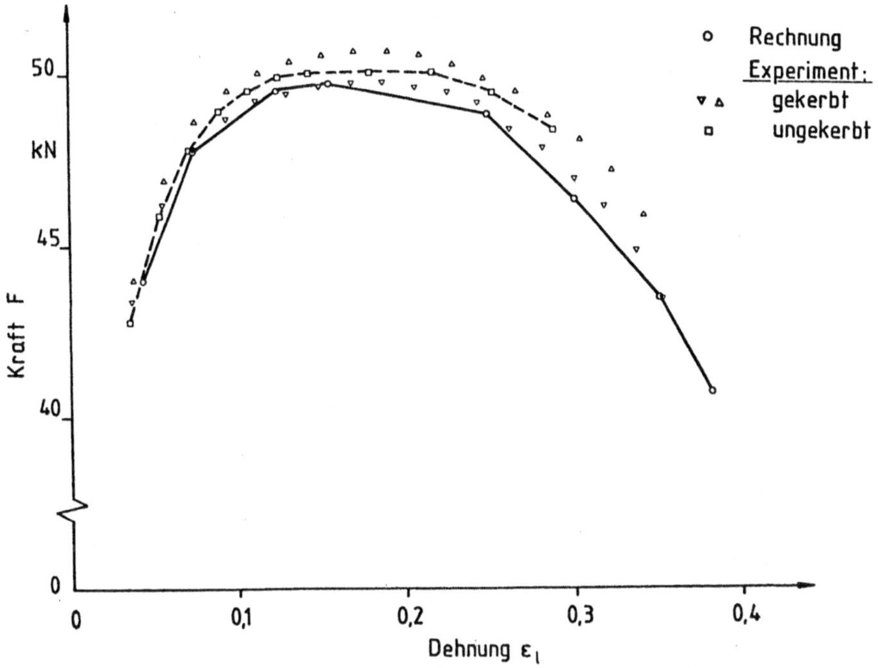

Bild 52: Vergleich der gemessenen und berechneten Kraft-Dehnungs-Verläufe für den Flachzugversuch an gekerbten und ungekerbten Proben.

8 Folgerungen für den praktischen Einsatz der Prozeßsimulation

Die Methode der Finiten Elemente ist ein Verfahren mit sehr großer Anwendungsbreite. Während die linearen FE-Verfahren in vielen Anwendungsbereichen bereits als Standard-Werkzeug der Berechnung eingesetzt werden und auch eine entsprechende Verbreitung finden, konzentriert sich der Einsatz der FEM bei stark nichtlinearen Problemstellungen im wesentlichen auf Großfirmen mit eigenen Berechnungsabteilungen, Forschungszentren und Hochschulen. Dies hat seine Ursache vor allem in den vergleichsweise hohen Rechenzeiten und der damit verbundenen Notwendigkeit des Zugriffs zu Großrechenanlagen.

Die Tatsache, daß die FEM zur Simulation von Umformvorgängen bislang nicht im großen Umfang eingesetzt wird, liegt unter anderem auch darin begründet, daß umformtechnische Produkte in der Regel in Klein- und Mittelbetrieben gefertigt werden – wenn man von den wenigen Automobilherstellern absieht – und die Durchdringung mit Rechenanlagen und Systemen aus dem CAE-Bereich in diesen Betrieben noch nicht vollständig ist. Mit der Verfügbarkeit leistungsfähiger und preisgünstiger Workstations und Mini-Supercomputer ist in jüngerer Zeit auch die Anzahl der Installationen von kommerziellen nichtlinearen FE-Programmpaketen in Klein- und Mittelbetrieben stark angestiegen. Es kann somit davon ausgegangen werden, daß in Verbindung mit

- der Weiterentwicklung der numerischen Verfahren zur Berechnung nichtlinearer Probleme,
- der zu erwartenden Leistungssteigerung bei den Rechenanlagen und
- dem verstärkten Einsatz von Methoden zur Vektorisierung und Parallelisierung

auch die Bedeutung der Prozeßsimulation als Hilfsmittel zur Berechnung von Umformvorgängen weiter anwachsen wird.

Von Lange u. a. [74] wurde ein Anforderungskatalog potentieller Benutzer an die Simulationsprogramme zusammengestellt (Bild 53). Darin wird an oberster Stelle die Forderung der Wirtschaftlichkeit genannt und u. a. damit begründet, daß sich die Simulationsmethoden nur dann gegenüber den Experimenten durchsetzen werden, wenn es gelingt, wirtschaftlicher zu simulieren als zu experimentieren. Dies setzt jedoch voraus, daß die Simulation eine echte Alternative zum Experiment sein kann bzw. umgekehrt. Gleichzeitig wird in [74] betont, daß die Prozeßsimulation weniger als Konkurrenz denn als Ergänzung zu den experimentellen Untersuchungen gesehen werden sollte, denn es existiert momentan kein Verfahren, das eine vergleichbare Menge an detaillierten Informationen liefert wie die Prozeßsimulation, wenngleich

Anforderungen

Wirtschaftlichkeit
- Ausnutzung der Hardwareressourcen
- leistungsfähige Schnittstellen (zu CAD , Pre-/ Postprozessoren)
- effektive Ergebnisdarstellung und - auswertung

Benutzerfreundlichkeit
- komfortable Benutzerschnittstelle
- Anwendungssicherheit

Werkstoffmodelle (Auswahl)
- elastisch, plastisch, viskoplastisch
- isotrop, anisotrop

Erweiterbarkeit durch Benutzer

gekoppelte Berechnung
- Werkzeug und Werkstück
- thermomechanische Kopplung

Anwendungspakete
- Massivumformung
- Blechumformung
- Kaltumformung
- Warmumformung usw.

Versagen
- Werkstück
- Werkzeug

Voraussetzungen

Verfügbarkeit von Rechenanlagen	
Hochleistungsrechner	U
lokale Rechner , Workstations	U
Vernetzung	U
lückenloser Datenfluß	
leistungsfähiges Datenbanksystem	U
Verfügbarkeit von Schnittstellen	U,P
CAD - Preprocessor - FE-Analyse - Postprocessor	
Modularität der Programmstruktur	P
Optimierung zentraler Programmteile	
Formulierung , Lösungsalgorithmen	P
Vektorisierung , Parallelisierung	P
interne Datenverwaltung , Ein-/ Ausgabeoperationen	P
Zusammenarbeit (interdisziplinär)	
Umformtechnik - Mechanik - Informatik	U
Berechnung/Konstruktion-Fertigung	U
Ausbildung der Maschinenbauingenieure	
CAD / Rechnertechnik	U
Umformtechnik	U
Verfügbarkeit von Werkstoff- und Randdaten	U

U - von der Umgebung zu erfüllen

P - vom Programm zu erfüllen

Bild 53: Anforderungen an ein Programmsystem zur Prozeßsimulation in der Umformtechnik [74].

quantitative Aussagen allein auf der Grundlage der Berechnung aufgrund zahlreicher Annahmen bzw. Vereinfachungen bei der Modellbildung im allgemeinen nicht möglich sind. Zwar ist die Forderung nach zuverlässigen Werkstoffdaten (bis zu hohen Umformgraden) absolut gerechtfertigt und die Notwendigkeit der Erarbeitung von „weiterführenden" Stoffgesetzen erkannt; dennoch darf darüber nicht aus dem Auge verloren werden, daß die chargenabhängigen Schwankungen der Werkstoffkennwerte insbesondere bei Blechwerkstoffen sehr groß sein können und somit quantitative Aussagen nur in begrenztem Umfang zulassen. Aus diesen Gründen erscheint es sinnvoll, die Methoden der Prozeßsimulation in der Praxis zunächst überwiegend als Hilfsmittel zur *qualitativen* Beurteilung von Umformvorgängen (z. B. auf der Grundlage von Parameterstudien) einzusetzen. Neben den genannten, grundsätzlichen Problemen der Simulationsverfahren, werden die mit der Einführung dieser Methoden verbundenen strukturellen und organisatorischen Probleme oftmals weit unterschätzt:

- Der Zeitaufwand zur Erstellung und Überprüfung eines Berechnungsmodells, ausgehend von vorhandenen CAD(Geometrie)-Daten, ist bei komplexen Geometrien sehr groß.
- Die zur Ergebnisauswertung (Visualisierung, Animation) verfügbare Hard- und Software ist oftmals unzureichend.
- Die Anzahl der auf dem Arbeitsmarkt verfügbaren Ingenieure mit Kenntnissen in Umformtechnik und in der Anwendung nichtlinearer Berechnungsverfahren ist begrenzt.

Nachdem zur Simulation von Umformvorgängen bislang nahezu ausschließlich die für quasi-statische Probleme entwickelten impliziten FE-Programme verwendet wurden, kommen in jüngerer Zeit auch vereinzelt die zur Berechnung dynamisch ablaufender Vorgänge (z. B. Crash-Berechnung, Geschoßeinschlag) erstellten expliziten Programme zum Einsatz [64,105] Allerdings sind die Erfahrungen im Umgang mit diesen Systemen insgesamt noch so gering, daß eine Aussage darüber, welche der beiden Vorgehensweisen besser geeignet ist, um Umformvorgänge zu berechnen, noch nicht gemacht werden kann.

Insgesamt kann davon ausgegangen werden, daß die Möglichkeiten der Prozeßsimulation in der Blechumformung bei weitem noch nicht ausgeschöpft sind, vor allem wenn es gelingt, die für Umvormvorgänge sehr wichtigen Probleme des Kontakts zwischen Werkzeug und Werkstück sowie der Netzneugenerierung/Netzanpassung (z. B. continuous/adaptive remeshing [106]) zu bewältigen.

Literaturverzeichnis

[1] Tekkaya, A.E.: Ermittlung von Eigenspannungen in der Kaltmassivumformung. Berichte aus dem Institut für Umformtechnik, Universität Stuttgart, Nr. 83. Berlin,Heidelberg,New York,Tokyo: Springer 1986.

[2] Roll, K.: Einsatz numerischer Näherungsverfahren bei der Berechnung von Verfahren der Kaltmassivumformung. Berichte aus dem Institut für Umformtechnik, Universität Stuttgart, Nr. 66. Berlin,Heidelberg,New York: Springer 1982.

[3] Lange, K.: Lehrbuch der Umformtechnik, Bd. 3, Blechumformung. Berlin: Springer 1975.

[4] Hašek, V.V.: Über den Formänderungs- und Spannungszustand beim Ziehen von großen unregelmäßigen Blechteilen. Berichte aus dem Institut für Umformtechnik, Universität Stuttgart, Nr. 25. Essen: Girardet 1973.

[5] Hašek, V.V.; Lange, K.: Grenzformänderungsschaubild und seine Anwendung bei Tiefzieh- und Streckziehvorgängen. wt – Z.ind.Fertig. 70 (1980), S. 575-580.

[6] Chu, E.: The Determination of Strain in Finite Homogeneous Deformation Processes. Proc. NAMRC XIII, Berkeley, CA, May 1985.

[7] Behrens, A.; Pries, C.-D.: Prozeßsimulation beim Tiefziehen von runden und rechteckigen Näpfen mit Hilfe der elementaren Theorie. Blech Rohre Profile 33 (1986) 11, S. 485-491.

[8] Hašek, V.V.: Möglichkeiten zur Steuerung des Stoffflusses beim Ziehen großer unregelmäßiger Blechteile. Berichte aus dem Institut für Umformtechnik, Universität Stuttgart, Nr. 56. Berlin,Heidelberg,New York,Tokyo: Springer 1980.

[9] Glöckl, H.: Rechnerunterstützte Optimierung des Tiefziehens unregelmäßiger Blechteile. Berichte aus dem Institut für Umformtechnik, Universität Stuttgart, Nr. 68. Berlin,Heidelberg,New York,Tokyo: Springer 1983.

[10] Sowerby, R.; Duncan, J.L.; Chu, E.: The Modelling of Sheet Metal Stampings. Int.J.Mech.Sci. 28 (1986) Nr. 7, S. 415-430.

[11] Duncan, J.L.; Sowerby, R.: Computer Aids in Sheet Metal Engineering. Annals of the CIRP 30/2 (1981).

[12] Duncan, J.L.; Bird, J.E.: Approximate Calculation for Draw Die Forming and Their Applications to Aluminum. Sheet Metal Ind. 55 (1978).

[13] Duncan, J.L.; Sowerby, R.; Chu, E.: The Development of Sheet Metal Modelling. In: Computer Modeling of Sheet Metal Forming Process. Eds.: N.M. Wang, S.C. Tang. Metallurgical Soc. of AIME, 1985.

[14] Duncan, J.L.; Sowerby, R.: Review of Practical Modelling Methods for Sheet Metal Forming. In: Advanced Technology of Plasticity 1987, Vol. 1. Ed.: K. Lange. Berlin,Heidelberg,New York,Paris,London,Tokyo: Springer 1987.

[15] Higashi, M.; Mori, T.; Taniguchi, H.; Yoshima, J.: Geometric Modelling for Efficient Evaluation of Press Forming Severity. In: Computer Modelling of Sheet Metal Forming Process. Eds.: N.M. Wang, S.C. Tang. Metallurgical Soc. of AIME, 1985.

[16] Takahashi, A.; Okamoto, I.; Hiramatsu, T.; Yamada, N.: Evaluation Methods of Press Forming Severity in CAD Applications. In: Computer Modelling of Sheet Metal Forming Process. Eds.: N.M. Wang, S.C. Tang. Metallurgical Soc. of AIME, 1985.

[17] Kokkonen, V.: Modelling of Forming Processes for Tool Design and Manufacturing at Volvo. In: Computer Modelling of Sheet Metal Forming Process. Eds.: N.M. Wang, S.C. Tang. Metallurgical Soc. of AIME, 1985.

[18] Woo, D.M.: The Analysis of Axisymmetric Forming of Sheet Metal and the Hydrostatic Bulging Process. Int.J.Mech.Sci. 6 (1964), S. 303-317.

[19] Woo, D.M.: On the Complete Solution of the Deep-Drawing Problem. Int.J. Mech.Sci. 10 (1968), S. 83-94.

[20] Kaftanoğlu, B.; Tekkaya, A.E.: Complete Numerical Solution of the Axisymmetric Deep-Drawing Problem. Trans. ASME, J. Eng. Mat. and Techn. 103 (1981), S. 326-332.

[21] Reissner, J.; Hora, P.; Ehrismann, R.: Fortschritte in der FE- und FD-Simulation von Blechumformprozessen. 3. Umformtechnisches Kolloquium Darmstadt, Darmstadt, 16.-17. März 1988.

[22] Reissner, J.; Ehrismann, R.: Computer-Aided Deep-Drawing of Two-Part Cans. Annals CIRP/ 36,1 (1987).

[23] Mehta, H.S.; Kobayashi, S.: Finite Element Analysis and Experimental Investigation of Sheet Metal Stretching. Trans. ASME, J. Eng. Ind. (1973) 8, S. 874-880.

[24] Wifi, A.S.: An Incremental Complete Solution of the Stretch-Forming and Deep-Drawing of a Circular Blank Using a Hemispherical Punch. Int. J. Mech. Sci., 18 (1976), S. 23-31.

[25] Kobayashi, S.; Kim, J.H.: Deformation Analysis of Axisymmetric Sheet Metal Forming Processes by the Rigid-Plastic Finite Element Method. In: Mechanics of Sheet Metal Forming, Hrsg.: D.P. Koistinen und N.-M. Wang, New York, London: Plenum Press, 1978.

[26] Sowerby, R.; Tomita, Y.; Duncan, J.L.: In-Plane Torsion Testing of Sheet Metal, J. Mech. Eng. Sci., 19 (1977) 5, S. 213-220.

[27] Wang, N.-M.; Wenner, M.L.: Elastic-Viscoplastic Analysis of Simple Stretch Forming Problems. In: Mechanics of Sheet Metal Forming, Hrsg.: D.P. Koistinen und N.-M. Wang, New York, London: Plenum Press, 1978.

[28] Zienkiewicz, O.C.; Oñate, E.; Heinrich, J.C.: Plastic Flow in Metal Forming. I. Coupled Thermal, II. Thin Sheet Forming. In: Applications of Numerical Methods to Forming Processes. Hrsg.: H. Armen und R.F. Jones. New York: ASME, AMD-Vol. 28, 1978, S. 107-120.

[29] Wang, N.-M.; Budiansky, B.: Analysis of Sheet Metal Stamping by a Finite-Element-Method. Trans. ASME, J. Appl. Mech. 45 (1978) 3, S. 73-82.

[30] Gotoh, M.; Ishise, F.: A Finite Element Analysis of Rigid-Plastic Deformation of the Flange in a Deep-Drawing Process Based on a Fourth-Degree Yield Function. Int. J. Mech. Sci. 20 (1978), S. 423-435.

[31] Yamada, Y.; Wifi, A.S.; Hirakawa, T.: Analysis of Large Deformation and Stress in Metal Forming Processes by the Finite Element Method. In: Metal Forming Plasticity, Hrsg.: H. Lippmann. Berlin,Heidelberg,New York: Springer 1979.

[32] Key, S.W.; Krieg, R.D.; Bathe, K.J.: On the Application of the Finite Element Method to Metal Forming Process. Comp. Meth. Appl. Mech. Eng. 17 (1979), S. 597.

[33] Rebelo, N.; Kobayashi, S.: Axisymmetric Punch Stretching of Strain-Rate Sensitive Sheet Metals. Proc. NAMRC VIII, Rolla,Missouri, 18.-20. Mai 1980, S. 235-238.

[34] Wifi, A.S.: Finite Element Correction Matrices in Metal Forming Analysis (with Application to Hydrostatic Bulging of a Circular Sheet). Int. J. Mech. Sci., 24 (1982) 7, S. 393-406.

[35] Andersen, B.S.: A Numerical Study of the Deep-Drawing Process. In: Numerical Methods in Industrial Forming Processes, Hrsg.: J.F.T. Pittman u.a. Swansea: Pineridge Press, 1982, S. 709-721.

[36] Tatenami, T.; Nakamura, Y.; Saito, K.: An Analysis of Deep-Drawing Process Combined with Bending. In: Numerical Methods in Industrial Forming Processes, Hrsg.: J.F.T. Pittman u.a. Swansea: Pineridge Press, 1982, S. 687-696.

[37] Nakamura, Y.; Tatenami, T.; Saito, K.: Numerical Solution of Deep-Drawing Through Tractrix Die. In: Numerical Methods in Industrial Forming Processes, Hrsg.: J.F.T. Pittman u.a. Swansea: Pineridge Press, 1982, S. 677-686.

[38] Honnor, M.E.; Wood, R.D.: A Finite Element Analysis of Deep-Drawing: The Boundary Condition Problem. In: Numerical Methods in Industrial Forming Processes, Hrsg.: J.F. Pittman u.a. Swansea: Pineridge Press, 1982, S. 807-808.

[39] Honnor, M.E.; Wood, R.D.: Finite Element Analysis of Axisymmetric Deep-Drawing Using a Simple Two Noded Mindlin Shell Element. In: Numerical Methods for Non-Linear Problems, Vol. 2. Hrsg.: C. Taylor u.a. Swansea: Pineridge Press, 1984, S. 440-449.

[40] Nakamachi, E.; Sowerby, R.: A Numerical Analysis of the Punch Stretching of Peripherally Clamped Circular Discs. In: Numerical Methods in Industrial Forming Processes, Hrsg.: J.F.T. Pittman u.a. Swansea: Pineridge Press, 1982, S. 641-651.

[41] Tang, S.C.; Chu, E.; Samanta, S.K.: Finite Element Prediction of the Deformed Shape of an Automotive Body Panel During Preformed Stage. In: Numerical Methods in Industrial Forming Processes, Hrsg.: J.F.T. Pittman u.a. Swansea: Pineridge Press, 1982, S. 629-640.

[42] Wennerström, H.; Samuelsson, A.; Mattiasson, K.: Finite Element Method for Sheet Metal Stretching. In: Numerical Methods in Industrial Forming Processes, Hrsg.: J.F.T. Pittman u.a. Swansea: Pineridge Press, 1982, S. 51-65.

[43] Baynham, J.M.W.; Zienkiewicz, O.C.: Developments in the Finite Element Analysis of Thin Sheet Drawing and Direct Redrawing Processes Using the Rigid,Plastic Approach. In: J.F.T. Pittman u.a. Swansea: Pineridge Press, 1982, S. 697-707.

[44] Toh, C.H.; Kobayashi, S.: Finite Element Process Modelling of Sheet Metal Forming of General Shapes. In: Grundlagen der Umformtechnik I. Berichte aus dem Institut für Umformtechnik, Universität Stuttgart, Nr. 74. Berlin,Heidelberg,New York: Springer 1983, S. 39-56.

[45] Oñate, E.; Zienkiewicz, O.C.: A Viscous Shell Formulation for the Analysis of Thin Sheet Metal Forming. Int. J. Mech. Sci., 25 (1983) 5, S. 305-335.

[46] Mattiasson, K.; Samuelsson, A.: Total and Updated Lagrangian Forms of the Co-Rotational Finite Element Formulation in Geometrically and Materially Nonlinear Analysis. In: Numerical Methods for Non-Linear Problems, Vol. 2, Hrsg.: C. Taylor u.a. Swansea: Pineridge Press, 1984, S. 134-151.

[47] Mattiasson, K.: On the Co-Rotational Finite Element Formulation for Large Deformation Problems. Dept. of Structural Mechanics, Chalmers University of Technology, Publ. No. 83: 1, 1983.

[48] Chandra, A.: A Generalized Finite Element Analysis of Sheet Metal Forming with an Elastic-Viscoplastic Material Model. General Motors Research Labs., Research Publication, GMR-4642, 1984.

[49] Wang, N.-M.: A Rigid-Plastic Rate-Sensitive Finite Element Method for Modelling Sheet Metal Forming Processes. In: Numerical Analysis of Forming Processes, Hrsg.: J.F.T. Pittman u.a., Wiley, 1984, S. 117-164.

[50] Iseki, A.; Murota, T.: Analysis of Deep Drawing of Non-Axisymmetric Cup by the Finite Element Method. Proc. 1st Int. Conf. on Technology of Plasticity (1. ICTP), Tokyo, Japan, 1984.

[51] Kim, Y.J.; Yang, D.Y.: A Rigid-Plastic Finite Element Formulation Considering the Effect of Geometric Change and its Application to Hydrostatic Bulging. Int. J. Mech. Sci. 27 (1985), S. 453-463.

[52] Toh, C.H.; Kobayashi, S.: Deformation Analysis and Blank Design in Square Cup Drawing. Int. J. Mach. Tool Des. Res., 25 (1985) 1, S. 15-32.

[53] Stoughton, T.B.: Finite Element Modelling of 1008 AK Sheet Steel Stretched Over a Rectangular Punch With Bending Effects. The 12th Annual Automotive Materials Symposium, Ann Arbor, Michigan, April 28-30, 1985.

[54] Arlinghaus, F.J.; Stoughton, T.B.; Frey, W.H.; Murthy, B.K.: Finite Element Modelling of a Stretch-Formed Production Panel. The 12th Annual Automotive Materials Symposium, Ann Arbor, Michigan, April 28-30, 1985.

[55] Stalmann, A.P.: Numerische Simulation des Tiefziehvorgangs. VDI-Berichte, Nr. 95, Reihe 2. Düsseldorf: VDI-Verlag 1985.

[56] Oñate, E.; Lama, P.: Possibilities of the Finite Element Viscous Shell Approach for Analysis of Sheet Metal Forming Problems. 1st International Workshop on Simulation of Metal Forming Processes by the Finite-Element-Method (SIMOP-I), Institut für Umformtechnik, Universität Stuttgart, 3. Juni 1985.

[57] Wang, N.-M.; Tang, S.C.: Applications of the Finite Element Method to Sheet Metal Flanging Operations. 1st International Workshop on Simulation of Metal Forming Processes by the Finite-Element-Method (SIMOP-I), Institut für Umformtechnik, Universität Stuttgart, 3. Juni 1985.

[58] Mattiasson, K.: Numerical Simulation of Stretch Forming Processes. 1st International Workshop on Simulation of Metal Forming Processes by the Finite-Element-Method (SIMOP-I), Institut für Umformtechnik, Universität Stuttgart, 3. Juni 1985.

[59] Tang, S.C.: Verification and Application of a Binder Wrap Analysis. The 12th Annual Automotive Materials Symposium, Ann Arbor, Michigan, April 28-30, 1985.

[60] Wang, N.M.; Tang, S.C.: Analysis of Bending Effects in Sheet Forming Operations. Proc. 2nd Int. Conf. Num. Meth. Ind. Forming Processes (NUMIFORM 86), Gothenburg, Sweden, August 1986.

[61] Nakamachi, E.: Finite Element Modelling of the Punch Process Forming of Thin Elastic-Plastic Plates. Proc. 2nd Int. Conf. Num. Meth. Ind. Forming Processes (NUMIFORM 86), Gothenburg, Sweden, August 1986.

[62] Doltsinis, J.St.; Luginsland, J.: Umformspezifische Rechenverfahren – Kontakt und Reibung, variable Diskretisierung. Institut für Computer-Anwendungen, Universität Stuttgart, Bericht Nr. 19. Stuttgart, 1986.

[63] Hora, P.; Vu, T.C.; Wollrab, P.; Reissner, J.: Simulation of the Forming Process for Irregularly Shaped Autobody Panels. Proc. 2nd Int. Conf. Technol. of Plasticity (2. ICTP), Stuttgart, August 1987.

[64] Flanagan, D.P.; Taylor, L.M.: An Accurate Numerical Algorithm For Stress Integration With Finite Rotations. Comp. Meth. Appl. Mech. Eng. 62 (1987), S. 305-320.

[65] Massoni, E.; Bellet, M.; Chenot, J.L.; Detraux, J.M.; de Baynast, C.: A Finite Element Modelling for Deep Drawing of Thin Sheet in Automotive Industry. Proc. 2nd Int. Conf. on Technology of Plasticity (2. ICTP), Stuttgart, August 1987.

[66] Belingardi, G.; Calderale, P.M.; Cozzari, G.; Zingariello, F.: Experience in Approaching Sheet Metal Forming By Finite Element Technique. In: Computational Plasticity. Eds.: D.R.J. Owen; E. Hinton; E. Oñate. Swansea: Pineridge Press, 1987.

[67] Doltsinis, J.St.; Luginsland, J.; Nölting, S.: Some Developments in the Numerical Simulation of Metal Forming Processes. In: Computational Plasticity. Eds.: D.R.J. Owen, E. Hinton, E. Oñate. Swansea: Pineridge Press, 1987.

[68] Tang, S.C.; Gress, J.; Ling, P.: Sheet Metal Forming of Automobile Body Panels. Proc. 15th Biennial Congress, Dearborn, Michigan, May 1988.

[69] Wagoner, R.H.; Nakamachi, E.; Germain, Y.: Analysis of Sheet Forming Operations Using the Finite Element Method. Proc. 15th IDDRG Biennial Congress, Dearborn, Michigan, May 1988.

[70] Amodio, D.; Pietrosanti, C.; Santucci, G., Segala, A.: A first investigation on sheet metal forming by the Finite Element Method. Proc. 15th IDDRG Biennial Congress, Dearborn, Michigan, May 1988.

[71] Rebelo, N.; Wertheimer, T.B.: Finite Element Simulation of Superplastic Forming. Proc. MARC-Users Conf., Monterey, California, April 1988.

[72] Keck, P.; Wilhelm, M.; Roll, K.: Einsatz von FE-Verfahren zur Simulation von Blechumformvorgängen. XVII. Int. Finite-Element-Kongress, Baden-Baden, November 1988.

[73] Iseki, H.;Jimma, T.; Murota,T.: Finite Element Method of the Analysis of the Hydrostatic Bulging of a Sheet Metal (Part II). Bull. JSME 20((1977).

[74] Lange, K.; Roll, K.; Herrmann, M.; Wilhelm, M.: Prozeßsimulation in der Umformtechnik. 3. Aachener Stahlkolloquium, Aachen, Juli 1988.

[75] Keck, P.; Wilhelm, M.; Lange, K.; Herrmann, M.: Comparison of Different Finite Element Methods for the Simulation of Sheet Metal Forming. 3. Int. Conf. Numerical Methods in Industrial Forming Processes (NUMIFORM 89), Fort Collins/Colorado, Juli 1989.

[76] Wilhelm, M.; Keck, P.: FE-Methoden als Werkzeug zur Stoffflußbetrachtung in der Massivumformung. Seminar „Neuere Entwicklungen in der Massivumformung", Stuttgart, Juni 1989, Forschungsgesellschaft Umformtechnik.

[77] Herrmann, M.; Keck, P.; Wilhelm, M.; Lange, K.: Elastic-PLastic Analysis of Sheet Forming Processes by the Finite Element Method. 2. Int. Conference on Computational Plasticity (COMPLAS 89), Barcelona, Sept. 1989.

[78] Wilhelm, M.: Private Mitteilung, Institut für Umformtechnik, Universität Stuttgart.

[79] Ramm, E.: Geometrisch nichtlineare Elastostatik und Finite Elemente. Bericht Nr. 76-2 aus dem Institut für Baustatik, Universität Stuttgart 1976.

[80] Malvern, L.E.: Introduction to the Mechanics of a Continuous Medium. Englewood Cliffs, New Jersey: Prentice Hall 1969.

[81] Prager, W.: An Elementary Discussion of Definitions of Stress Rate. Q. Appl. Math. 18 (1960), S. 403-407.

[82] McMeeking, R.M.; Rice, J.R.: Finite-Element Formulations for Problems of Large Elastic-Plastic Deformation. Int. J. Solids Structures 11 (1975), S. 601-616.

[83] Hill, R.: Some Basic Principles in the Mechanics of Solids Without a Natural Time. J. Mech. Phys. Solids 7 (1959), S. 209-225.

[84] Bathe, K.J.: Finite Element Procedures in Engineering Analysis. Englewood Cliffs: Prentice Hall 1982.

[85] Hughes, T.J.R.: The Finite Element Method. Linear Static and Dynamic Finite Element Analysis. Englewood Cliffs: Prentice Hall 1987.

[86] Zienkiewicz, O.C.: The Finite Element Method, 3rd Ed. London: McGraw-Hill 1985.

[87] Tillerson, J.R.; Stricklin, J.A.; Haisler, W.C.: Numerical Methods for the Solution of Nonlinear Problems in Structural Analysis. In: Numerical Solutions of Nonlinear Structural Problems, AMD-Vol. 6, Eds.: R.F. Hartung. ASME 1973.

[88] Krieg, R.D.; Krieg, D.B.: Accuracies of Numerical Solution Methods for the Elastic-Perfectly Plastic Model. J. Pressure Vessel Techn. 99 (1977), S. 510-515.

[89] Hughes, T.J.R.: Numerical Implementation of Constitutive Models: Rate-Independent Deviatoric Plasticity. Workshop on Theoretical Foundations for Large Scale Computations of Nonlinear Material Behaviour, Northwestern University, Evanston (IL) 1983.

[90] Hughes, T.J.R.; Winget, J.: Finite Rotation Effects in Numerical Integration of Rate Constitutive Equations Arising in Large-Deformation Analysis. Int. J. Num. Meth. Engg. 15 (1980), S. 1862-1867.

[91] Hallquist, J.O.; Goudreau, G.L.; Benson, D.J.: Sliding Interfaces with Contact-Impact in Large-Scale Lagrangian Computations. Comp. Meth. Appl. Mech. Eng. 51 (1985), S. 107-137.

[92] Nagtegaal, J.C.; Rebelo, N.: On the Developement of a General Purpose Finite Element Program for Analysis of Forming Processes. Int. J. Num. Meth. Engg., Vol. 25 (1988), S. 113-131.

[93] Nagtegaal, J.C.: On the Implementation of Inelastic Constitutive Equations with Special Reference to Large Deformation Problems. Comp. Meth. Appl. Mech. Eng. 33 (1982), S. 469-484.

[94] Nagtegaal,J.C.; Parks,D.M.; Rice,J.R.: On Numerically Accurate Finite Element Solutions in the Fully Plastic Range. Comp. Meth. Appl. Mech. Eng. 4 (1974) S. 153-177.

[95] Nagtegaal, J.C.; Veldpaus, F.E.: On the Implementation of Finite Strain Plasticity Equations in a Numerical Model. In: Numerical Analysis of Forming Processes, Hrsg.: J.F.T. Pittman u.a., Wiley, 1984.

[96] Malkus,D.S., Hughes,T.J.R.: Mixed Finite Element Methods – Reduced and Selective Integration Techniques: A Unification of Concepts. Comp. Meth. Appl. Mech. Eng. 15 (1978) S. 63-81.

[97] Hughes,T.J.R.: Generalization of Selective Integration Procedures to Anisotropic and Nonlinear Media. Int. J. Num. Meth. Eng. 15 (1980) S.1413-1418.

[98] Simo,J.C.; Taylor,R.L.; Pister,K.S.: Variational and Projection Methods for the Volume Constraint in Finite Deformation Elasto-Plasticity. Comp. Meth. Appl. Mech. Eng. 51 (1985) S. 177-208.

[99] Simo,J.C.; Taylor,R.L.: Consistent Tangent Operators for Rate-Independent Elastoplasticity. Comp. Meth. Appl. Mech. Eng. 51 (1985) S. 101-118.

[100] Matthies,H.;Strang,G.: The Solution of Nonlinear Finite Element Equations. Int. J. Num. Meth. Eng. 14 (1979) S. 1613-1626.

[101] Chandrasekaran,N; Haisler,W.E.; Goforth,R.E.: A Finite Element Solution Method for Contact Problems with Friction. Int. J. Num. Meth. Eng. 24 (1987) S. 477-495.

[102] Dongarra, J.J.; Bunch,J.R.; Moler, C.B.; Stewart, G.W.: LINPACK, Users' Guide. Philadelphia, SIAM 1979.

[103] Smith, B.T. u.a.: Matrix Eigensystem Routines – EISPACK Guide. Springer 1976.

[104] Lawson, C.L.; Hanson, R.J.; Kincaid, D.R.; Krogh, F.T.: Basic Linear Algebra Subprograms for FORTRAN Users (BLAS). Trans. Math. Software 5(1979) 3.

[105] Honecker, A.; Mattiasson,K.: Finite Element procedures for 3D sheet forming simulation. In: Proc. 3rd Int. Conf. on Numerical Methods in Industrial Forming Processes (NUMIFORM 89). Ed.: E.G. Thompson et al. Rotterdam: Balkema 1989.

[106] Zienkiewicz, O.C.; Huang, G.C.: Adaptive modelling of transient coupled metal forming processes. In: Proc. 3rd Int. Conf. on Numerical Methods in Indu-

strial Forming Processes (NUMIFORM 89). Ed.: E.G. Thompson et al. Rotterdam: Balkema 1989.

[107] Dannenmann, E.: Biegen im V-Gesenk – Einfluß der Werkzeuggeometrie auf Verlauf und Größtwert der Stempelkraft. Ind. Anz. 97(1975) 60, S. 1313-1314.

[108] Makinouchi, A.: Elastic-Plastic Analysis of Bending and Hemming of Sheet Metal. The 12th Annual Automotive Materials Symposium, Ann Arbor, Michigan, April 28-30, 1985.

PSU Prozeßsimulation in der Umformtechnik

Herausgeber: Professor em. Dr.-Ing. Dr. h.c. Kurt Lange

1 **Beitrag zur Berechnung von Vorgängen der Blechumformung mit der Methode der Finiten Elemente**
Von Dipl.-Ing. Martin Herrmann. ISBN 3-540-53812-7.
125 Seiten mit 53 Abbildungen und 3 Tabellen 78,– DM

GPSR Compliance

The European Union's (EU) General Product Safety Regulation (GPSR) is a set of rules that requires consumer products to be safe and our obligations to ensure this.

If you have any concerns about our products, you can contact us on ProductSafety@springernature.com

In case Publisher is established outside the EU, the EU authorized representative is:

Springer Nature Customer Service Center GmbH
Europaplatz 3
69115 Heidelberg, Germany

Batch number: 10844655

Printed by Printforce, the Netherlands